Forschung und Praxis

Band 95

Berichte aus dem
Fraunhofer-Institut für Produktionstechnik und Automatisierung (IPA), Stuttgart,
Fraunhofer-Institut für Arbeitswirtschaft und Organisation (IAO), Stuttgart, und
Institut für Industrielle Fertigung und Fabrikbetrieb der Universität Stuttgart

Herausgeber: H. J. Warnecke und H.-J. Bullinger

Wolfgang Bachl

Qualifizierung an Industrierobotern

Mit 30 Abbildungen

Springer-Verlag
Berlin Heidelberg New York Tokyo 1986

Wolfgang Bachl
Fraunhofer-Institut für Arbeitswirtschaft und Organisation (IAO), Stuttgart

Dr.-Ing. H. J. Warnecke
o. Professor an der Universität Stuttgart
Fraunhofer-Institut für Produktionstechnik und Automatisierung (IPA), Stuttgart

Dr.-Ing. habil. H.-J. Bullinger
o. Professor an der Universität Stuttgart
Fraunhofer-Institut für Arbeitswirtschaft und Organisation (IAO), Stuttgart

D 93

ISBN-13:978-3-540-17018-1 e-ISBN-13:978-3-642-82896-6
DOI: 10.1007/978-3-642-82896-6

Gesamtherstellung: Copydruck GmbH, Heimsheim
2362/3020—543210

Geleitwort der Herausgeber

Futuristische Bilder werden heute entworfen:

- o Roboter bauen Roboter,
- o Breitbandinformationssysteme transferieren riesige Datenmengen in Sekunden um die ganze Welt.

Von der "menschenleeren Fabrik" wird da gesprochen und vom "papierlosen Büro". Wörtlich genommen muß man beides als Utopie bezeichnen, aber der Entwicklungstrend geht sicher zur "automatischen Fertigung" und zum "rechnerunterstützten Büro". Forschung bedarf der Perspektive, Forschung benötigt aber auch die Rückkopplung zur Praxis - insbesondere im Bereich der Produktionstechnik und der Arbeitswissenschaft.

Für eine Industriegesellschaft hat die Produktionstechnik eine Schlüsselstellung. Mechanisierung und Automatisierung haben es uns in den letzten Jahren erlaubt, die Produktivität unserer Wirtschaft ständig zu verbessern. In der Vergangenheit stand dabei die Leistungssteigerung einzelner Maschinen und Verfahren im Vordergrund. Heute wissen wir, daß wir das Zusammenspiel der verschiedenen Unternehmensbereiche stärker beachten müssen. In der Fertigung selbst konzipieren wir flexible Fertigungssysteme, die viele verkettete Einzelmaschinen beinhalten. Dort, wo es Produkt und Produktionsprogramm zulassen, denken wir intensiv über die Verknüpfung von Konstruktion, Arbeitsvorbereitung, Fertigung und Qualitätskontrolle nach. Rechnerunterstützte Informationssysteme helfen dabei und sollen zum CIM (Computer Integrated Manufacturing) führen und CAD (Computer Aided Design) und CAM (Computer Aided Manufacturing) vereinen. Auch die Büroarbeit wird neu durchdacht und mit Hilfe vernetzter Computersysteme teilweise automatisiert und mit den anderen Unternehmensfunktionen verbunden. Information ist zu einem Produktionsfaktor geworden, und die Art und Weise, wie man damit umgeht, wird mit über den Unternehmenserfolg entscheiden.

Der Erfolg in unseren Unternehmen hängt auch in der Zukunft entscheidend von den dort arbeitenden Menschen ab. Rationalisierung und Automatisierung müssen deshalb im Zusammenhang mit Fragen der Arbeitsgestaltung betrieben werden, unter Berücksichtigung der Bedürfnisse der Mitarbeiter und unter Beachtung der erforderlichen Qualifikationen. Investitionen in Maschinen und Anlagen müssen deshalb in der Produktion wie im Büro durch Investitionen in die Qualifikation der Mitarbeiter begleitet werden. Bereits im Planungsstadium müssen Technik, Organisation und Soziales integrativ betrachtet und mit gleichrangigen Gestaltungszielen belegt werden.

Von wissenschaftlicher Seite muß dieses Bemühen durch die Entwicklung von Methoden und Vorgehensweisen zur systematischen Analyse und Verbesserung des Systems Produktionsbetrieb einschließlich der erforderlichen Dienstleistungsfunktionen unterstützt werden. Die Ingenieure sind hier gefordert, in enger Zusammenarbeit mit anderen Disziplinen, z. B. der Informatik, der Wirtschaftswissenschaften und der Arbeitswissenschaft, Lösungen zu erarbeiten, die den veränderten Randbedingungen Rechnung tragen.

Beispielhaft sei hier an den großen Bereich der Informationsverarbeitung im Betrieb erinnert, der von der Angebotserstellung über Konstruktion und Arbeitsvorbereitung, bis hin zur Fertigungssteuerung und Qualitätskontrolle reicht. Beim Materialfluß geht es um die richtige Auswahl und den Einsatz von Fördermitteln sowie Anordnung und Ausstattung von Lagern. Große Aufmerksamkeit wird in nächster Zukunft auch der weiteren Automatisierung der Handhabung von Werkstücken und Werkzeugen sowie der Montage von Produkten geschenkt werden.

Von der Forschung muß in diesem Zusammenhang ein Beitrag zum Einsatz fortschrittlicher intelligenter Computersysteme erfolgen. Planungsprozesse müssen durch Softwaresysteme unterstützt und Arbeitsbedingungen wissenschaftlich analysiert und neu gestaltet werden.

Die von den Herausgebern geleiteten Institute, das

- Institut für Industrielle Fertigung und Fabrikbetrieb der Universität Stuttgart (IFF),

- Fraunhofer-Institut für Produktionstechnik und Automatisierung (IPA),

- Fraunhofer-Institut für Arbeitswirtschaft und Organisation (IAO)

arbeiten in grundlegender und angewandter Forschung intensiv an den oben aufgezeigten Entwicklungen mit. Die Ausstattung der Labors und die Qualifikation der Mitarbeiter haben bereits in der Vergangenheit zu Forschungsergebnissen geführt, die für die Praxis von großem Wert waren. Zur Umsetzung gewonnener Erkenntnisse wird die Schriftenreihe "IPA-IAO - Forschung und Praxis" herausgegeben. Der vorliegende Band setzt diese Reihe fort. Eine Übersicht über bisher erschienene Titel wird am Schluß dieses Buches gegeben.

Dem Verfasser sei für die geleistete Arbeit gedankt, dem Springer-Verlag für die Aufnahme dieser Schriftenreihe in seine Angebotspalette und der Druckerei für saubere und zügige Ausführung. Möge das Buch von der Fachwelt gut aufgenommen werden.

H. J. Warnecke · H.-J. Bullinger

Vorwort

An dieser Stelle möchte ich mich bei den Personen und Institutionen bedanken, ohne deren Unterstützung ein Zustandekommen dieser Arbeit nicht möglich gewesen wäre:

Die Gesamthochschule Kassel mit den Herren Prof. Dr.-phil. E. Frieling, Dr.-phil. K. Sonntag.
Das Fraunhofer-Institut für Arbeitswirtschaft und Organisation (IAO) und hier insbesondere Herr Prof. Dr.-Ing. H.-J. Bullinger.

Das Bundesministerium für Forschung und Technologie mit seinem Projektträger "Humanisierung des Arbeitslebens", welches das dieser Arbeit zugrundeliegende Vorhaben: Qualifizierung insbesondere von Ungelernten und Angelernten beim Einsatz von Industrierobotern-Hauptphase; Teilvorhaben: Qualifizierung beim Einsatz von Schweiß-Industrierobotern "Förderkennzeichen 01 VC 163 A5 gefördert hat.

Die an diesem Projekt beteiligten Firmen:
Fa. Carl Cloos Schweißtechnik GmbH, Haiger
Gesellschaft für Arbeitsschutz- und Humanisierungsforschung, Dortmund
Fa. Jungheinrich Unternehmensverwaltung, Hamburg (Vorphase)
Fa. Masing-Kirkhof, Dietzenbach
Schweißtechnische Lehr- und Versuchsanstalt, Fellbach
Fa. Zahnradfabrik Friedrichshafen

Gliederung

Seite

Seite

Seite

Seite

Einleitung

Das Thema Industrieroboter gewann in den letzten Jahren nicht nur an technischer, ökonomischer sondern v.a. an sozialpolitischer Brisanz, als gerade diese Technologie Sinnbild des "technischen Fortschritts" wurde mit seinen beschworenen gegensätzlichen Auswirkungen. Zeitungsmeldungen wie "Der Einsatz von Robotern hat sich verfünffacht" (1) sind nicht selten und rufen immer wieder die Tarifvertragspartner auf den Plan.
So betont etwa H.P. Stihl: "Vielleicht übersteigen die zukünftigen Anwendungsmöglichkeiten der Mikroelektronik unsere heutige Vorstellungskraft. Soviel steht aber fest: Die Mikroelektronik und die Computertechnik eröffnet neue Chancen für Automatisierung - und Rationalisierung in den Unternehmen, den Betrieben und der Verwaltung. Die Unternehmen müssen diese Chance nutzen. Sonst können sie kurz über lang im harten internationalen Wettbewerb nicht mehr bestehen". (2)

Dagegen wird im "Aktionsprogramm: Arbeit und Technik" der IG Metall (3) festgestellt:
"Wir sind in vielen Bereichen so wettbewerbsfähig wie eh und je. Der Export schlägt alle Rekorde. Trotzdem werden immer mehr Menschen aus dem Arbeitsprozeß in die Arbeitslosigkeit gedrängt..."
Im Bericht der Kommission "Weiterbildung" werden Lösungen favorisiert, die in einer Höherqualifizierung in neuen Technologien bestehen:
"Die zunehmende Verbreitung neuer Technologien in allen Zweigen von Wirtschaft und Verwaltung erfordert eine Umqualifizierung der Beschäftigten, die vielfach mit einer Höherqualifizierung einhergeht" (S. 106), jedoch ist eine systematische, praxisrelevante Herangehensweise, die eine

Lösung des Dilemmas "Wettbewerbsfähigkeit contra Arbeitslosigkeit" durch Qualifizierung skizzieren würde, nicht zu sehen.

Eine wissenschaftliche Betrachtung der neuen Technologien erfolgte bisher v.a. im Bereich der Naturwissenschaften, hier insbesondere bei den Ingenieurwissenschaften in der Disziplin Maschinenbau und der angrenzenden Informatik. Für die Ingenieurwissenschaften war die Ausweitung der Grundlagenkenntnisse (vor allem Software) und die verstärkte Einsatzplanung Thema, während die betriebliche Kalkulation die Rentabilität dieser Technologie ins Zentrum ihres Interesses setzte.

Die Frage der organisatorischen Bewältigung des IR-Einsatzes jedoch, vor allem im Hinblick auf die Eingriffspunkte des Personals im IR-System (z.B. Programmieren), wurde als rudimentärer Bestandteil den eher pragmatischen Fähigkeiten von Ingenieuren, Technikern oder angelerntem Personal überlassen.

Die Sozialwissenschaften hingegen, hier vor allem die Soziologie, beschäftigen sich mit den Auswirkungen neuer Technologien "überhaupt" auf das arbeitende Subjekt und die Gesellschaft. Als Beispiel dieser Thematik mag die Ende der 60er Jahre aufgekommene "Automatisierungsdebatte" in der bundesrepublikanischen Soziologie gelten. Wichtigstes Thema waren dabei die Auswirkungen einer automatisierten Fabrikwelt auf die Arbeiter hinsichtlich ihres Bewußtseins und evtl. neuer "Qualifikationsstrukturen". Als herausragendste Veröffentlichung gilt noch heute die Studie von Kern/Schumann "Industriearbeit und Arbeiterbewußtsein" (Kern, H.; Schumann, M. 1974). Diese Studie sollte "die typischen Entwicklungstendenzen der Industriearbeit sichtbar machen" (a.a.O. S. 54). Kern/Schumann stellten fest, daß "Formen und Inhalte industrieller Arbeit in Abhängigkeit zu den technischen Bedingungen (stehen), unter denen sich die Arbeit vollzieht.

Die entsprechend dem technischen Reifegrad variierenden Eigenfähigkeiten der technischen Apparatur bestimmen, gleichsam als Restgröße, die je spezifischen Arbeitsleistungen, die den Menschen abverlangt werden müssen, wenn die Apparatur funktionieren soll" (a.a.O. S. 24).

Die Spezifik dieser "Restgröße" wurde allerdings nicht entwickelt. Schließlich wurde von den Autoren die "Polarisierungsthese" von Qualifikation aufgestellt, die die Verteilung der Arbeitstätigkeiten im automatisierten Umfeld in wenige hochqualifizierte Tätigkeiten (z.B. Programmieren, Instandhalten) und viele geringe Qualifikation erfordernde Bedien-, Ausführ- und Resttätigkeiten beschrieb. In die gleiche Richtung geht auch die neueste Untersuchung von Kern/Schumann deren Kernthese ist, daß beim Übergang von der Mechanik zur Elektronik das Prinzip der horizontalen Fertigung (Zerlegung der Arbeit in einzelne nachgelagerte Stufen) mehr und mehr aufweiche. Der Einsatz neuer Technologien, namentlich flexibler Fertigungssysteme, ließe ganzheitliche Arbeitsvorgänge auch für mehrere Produkte zu. Die Polarisierung unter den Beschäftigten hinsichtlich ihrer Qualifikation würde dadurch aber noch zunehmen.

In ähnlicher Weise sind andere Arbeiten, wie Benz-Overhage et al. (1982), Mickler, Pelull et al. (1980) oder Gizycki, Weiler (1980) einzuschätzen. All diesen Arbeiten ist gemeinsam, daß über "Qualifikationsstrukturen" verhandelt wird, ohne die Qualifikation als Anforderung an das arbeitende Subjekt in Gestalt von Kenntnissen, Fähigkeiten oder auch Einstellungen näher auszuarbeiten, um so praktische Konzepte zum betrieblichen Einsatz der neuen Technologien zu erhalten.

Insofern richtet sich diese Arbeit als Versuch einer konkreten Analyse der Anforderungen im IR-System an die dort tätigen Arbeitnehmer. D.h. nicht global sozialwissenschaftliche Analysen, sondern pädagogische und psychologische Fragestellungen im Zusammenhang mit der Anforderungsbewältigung stehen im Vordergrund. Dabei ist eine intensive kritische Auseinandersetzung mit bestehenden wissenschaftlichen Konzepten notwendig, weil die theoretische Begründung mancher Konzepte mit ihrer durchaus intendierten Praxis nicht kongruent stellt.

Um die IR-Technik etwas transparenter zu machen, kommen die technischen Grundlagen des Industrieroboters ebenso zur Sprache wie etwa - als die personelle Komponente dieser Technik - die Auswirkungen von Qualifizierungen im Bereich der IR-Technologie auf die Situation der dort Beschäftigten. Jedoch bleibt Kern die Frage, wie sich Anforderungen der Roboter-Technologie dem in der Werkstatt beschäftigten zukünftigen Bediener oder auch Programmierer als jemanden stellen, der aus einer gewissen Lernungewohntheit und einer schwerpunktmäßig körperlich-sensumotorischen Tätigkeit heraus sich mit der Logik eines IR-Systems vertraut machen muß.

Um die Anforderungen an einen zukünftigen IR-Bediener und die geeignete Art und Weise der Erzielung einer optimalen Bedienung bzw. Programmierung zu ergründen, steht am Anfang dieser Arbeit eine Auseinandersetzung mit sozialwissenschaftlichen, psychologischen und pädagogischen Theorien im Vordergrund, denen im allgemeinen eine große Bedeutung in der theoretischen Begründung bwz. Grundlegung von praktischen Ausbildungen zugeschrieben wird.
Im letzten Teil dieser Arbeit werden dann - am praktischen Beispiel der Entwicklung eines Kurses für Roboter-Programmierer - die theoretischen und praktischen Schlußfolgerungen aus dem ersten Teil Anwendung finden.

1 Die Ermittlung von Qualifikationsanforderungen aus der Sicht der Sozialwissenschaften

Als ersten Versuch einer Definition könnte man Qualifikationsanforderungen in der industriellen Fertigung als die Wissens- und Kenntniskomplexe bezeichnen, die der Bediener einer technischen Einrichtung besitzen muß, um diese zur Erfüllung seines Arbeitsauftrags korrekt zu bedienen. Beim Bedienen eines Industrieroboters würde sich dieses Wissen beispielsweise auf Kinematik, Effektoren, Antrieb, Steuerung, Sensoren oder das ganze Programmiersystem beziehen. Diese Definition wird unterstützt von Hegelheimer (1977), der Qualifikation wie folgt definiert:
"Unter Qualifikation kann dabei im engeren Sinne die Gesamtheit aller Kenntnisse, Fähigkeiten und Fertigkeiten verstanden werden, über die eine Person bzw. Arbeitskraft verfügt oder als Voraussetzung für die Ausübung einer beruflichen Tätigkeit verfügen muß." (S. 18)

Weitere Bestimmungen von Qualifikation und Qualifikationsanforderungen haben sich die Sozialwissenschaften, namentlich die Industriesoziologie und die Arbeitspsychologie zur Aufgabe gestellt. Die Herangehensweise dieser beiden Wissenschaften ist jedoch sehr verschieden:
Während die Soziologie strukturelle, allgemein-gesellschaftliche Bestimmungen von Qualifikationsanforderungen vornimmt, ist die Psychologie vor allem mit ihrer Methodik der Arbeitsanalyse um eine arbeitsplatzspezifische, auf das arbeitende Individuum und dessen psycho-physiologischer Ausstattung bezogene Analyse von Qualifikationsanforderungen bemüht.
Der Arbeitspädagogik dagegen kommt mehr die Rolle der Umsetzung ermittelter Qualifikationsanforderungen in Lernziele und Lehrinhalte, incl. deren Vermittlungsmethodik, zu.

In allen drei Wissenschaftsgattungen haben sich nach und nach eine ganze Reihe unterschiedlicher "Modelle" entwickelt, die zumindest teilweise den Anspruch auf eine sachgerechte Analyse von Qualifikationsanforderungen und - im Bereich der Pädagogik - den Anspruch der lernergerechten Aufbereitung dieser Anforderungsinhalte haben.

Deshalb wird nachfolgend ein kritischer Überblick über die wichtigsten und die für den Anspruch eines praxisnahen, konkreten Qualifizierungskonzepts irgendwie relevanten Ansätze gegeben.

1.1 Industriesoziologische Arbeiten zum Thema Qualifikation

Die Industriesoziologie als "Analyse von Wechselbeziehungen zwischen Industrie und Gesellschaft" kann nach Fürstenberg (1975) in verschiedene Analyseebenen unterschieden werden "und zwar die Auswirkungen der Arbeitsbedingungen und Arbeitsbeziehungen auf den gesamten Lebensstil der Erwerbstätigen, die Beziehungen zwischen Betrieb bzw. Unternehmen und anderen gesellschaftlichen Organisationen und Institutionen sowie die Beziehungen zwischen Industrie und Staat bzw. den in ihm wirkenden politischen Kräften". (S. 11)

In diesen komplexem Feld ist nach Herkommer (in: Fürstenberg 1975) eine Scheidung zwischen einer eher konservativ geprägten Industriesoziologie, die "direkt oder indirekt im Interesse des Kapitals die verschiedenen technologischen, organisatorischen und sozial-technischen Methoden erforscht und erprobt..., die der Intensivierung der Ausbeutung der Arbeitskraft und der Anpassung der Arbeiter an die wechselnden Bedienungen ihrer Ausbeutung" diene und einer sich kritisch verstehenden industriesoziologischen Forschung festzustellen, deren Gegenstand ist "zu Fragen nach den Konstitutionsbedingungen der Einstellungen und Verhaltensweisen von Arbeitern, nach den objektiven oder subjektiven Momenten der Herausbildung sogenannten Arbeiterbewußtseins." (S. 228).

Insbesondere Vertreter dieser kritischen Variante von Industriesoziologie machten die Qualifikationsforschung zu ihrem besonderen Anliegen. Diese Qualifikationsforschung beschäftigt sich allgemein mit Problemen

- der Erfassung industrieller Qualifikationspotentiale
- der Prognose der volks- und betriebswirtschaftlich relevanten Qualifikationsstrukturenentwicklung
- der Identifizierung von soziologischen Determinanten der Qualifikationsstrukturen
- der politischen Interessen und Implikationen, die hinter den unterschiedlichen postulierten Maßnahmen zur Beeinflussung der Qualifikationsstrukturenentwicklung stehen (vgl. Baitsch, Frei, 1980, S. 39).

Für Beck/Brater sind Qualifikationen "Elemente menschlichen Arbeitsvermögens - und zwar Elemente, die in formalisierten Bildungsgängen erzeugt und in entsprechenden Bildungsabschlüssen dokumentiert werden können" (S. 17). Jedoch ist "die konkrete Besonderheit, die "Identität" eines Arbeitsvermögens aber nicht allein aus dessen funktionalem Bezug und den zugehörigen Qualifikationselementen" bestimmbar, sondern diese Identität würde sich "aus der je besonderen, gesellschaftlich vorgegebenen, standardisierten Zusammensetzung und Abgrenzung von Fähigkeitselementen zu festen, überindividuellen Kombinationen ergeben. Für Beck/Brater werden diese Fähigkeitskombinationen im Leben des einzelenen Berufstätigen bedeutsam "als Zielpunkt seiner persönlichen Sozialbeziehungen, als Teil seiner sozialen Verhältnisse". In der Arbeitsmarktpolitik würden sie "als Bezugspunkt der Steuerung des individuellen Bildungsverhalten, der Strukturierung und Veränderung des Arbeitsmarktangebots, der Planung beruflichen Bildungsverhaltens, der Strukturierung und Veränderung des Arbeitsmarktangebots, der Planung beruflicher Bildungsgänge" dienen. Auch für die Betriebe seien diese Fähigkeitskombinationen "Bauelemente der Gestaltung von Produktionsprozessen und Anlaß entweder von Anpassungsreaktionen oder von auf die Fähigkeitskombinationen bezogenen Arbeitsinterventionen." (S. 19)

Als forschungspraktische Konsequenz fordern Beck/Brater deshalb, "die bisherige Konzentration auf Qualifikationsinhalte zu ergänzen durch eine Erweiterung der Perspektive um die Analyse des Umfelds und Kombinationsbezugs der Qualifikationsinhalte." (S. 19).

Die wohl bekannteste Studie, die versucht die Qualifikationsinhalte von Industriearbeit und ihre Auswirkungen auf das Bewußtsein der Arbeiter zu beschreiben und die von Beck/Brater als "Fähigkeitskomplexe" beschriebenen Qualifikationen kategorial-empirisch zu erfassen, ist die Arbeit von Kern/Schumann "Industriearbeit und Arbeiterbewußtsein" (Kern, H.; Schumann, M. 1974).
Diese Studie sollte "die typischen Entwicklungstendenzen der Industriearbeit sichtbar machen" (S. 54).
Kern/Schumann stellen fest, daß "Formen und Inhalte industrieller Arbeit in Abhängigkeit zu den technischen Bedingungen (stehen), unter denen sich die Arbeit vollzieht. Die entsprechend dem technischen Reifegrad variierenden Eigentümlichkeiten der technischen Apparatur bestimmen gleichsam als Restgröße die je spezifischen Arbeitsleistungen, die den Menschen abverlangt werden müssen, wenn die Apparatur funktionieren soll" (S. 24).

Diese spezifischen Arbeitsleistungen wurden von Kern/-Schumann in Gestalt von Qualifikationen kategorisiert. Gilt Qualifikation für die Autoren "als Arbeitsvermögen im Sinne subjektiv-individueller Fertigkeiten, Kenntnisse und Fähigkeiten", die "die wesentliche Voraussetzung zur Erfüllung der an den Arbeitsplatz gebundenen Funktionen" darstellt, so lassen sich nach Kern/Schumann zwei verschiedene "Qualifikationskomponenten", nämlich sogenannte prozeßgebundene und prozeßunabhängige, feststellen.

Da diese Qualifikationskomponenten als relevant für die Produktion mit "Maschinen und Apparaten" (S. 67) eingeschätzt werden, etwa im Gegensatz zu traditionellen handwerklichen Qualifikationen, ist es somit wichtig ihre Verwendbarkeit für den Umgang mit Industrierobotern zu prüfen. Im folgenden deshalb eine kurze Charakterisierung dieser Qualifikationskomponenten:

Die "prozeßgebundenen Qualifikationen" nach Kern/Schumann zeichnen sich aus durch

- die Kenntnis abstrakter technischer Funktionszusammenhänge wie z.B. elementarer Geräte der Physik und Elektrotechnik

- der "Anatomie und Geographie" technischer Einrichtungen und

- der Bedienungs- und Wirkungsweise von Apparaten und Maschinen.

Die "prozeßunabhängigen Fähigkeiten" als zweite Qualifikationsgruppe sind:

- Flexibilität (Fähigkeit der schnellen Anpassung an neue Arbeitsgegebenheiten)

- technische Intelligenz (Fähigkeit zum kausalen, abstrahierenden und hypothetischen Denken)

- Perzeption (Fähigkeit der Wahrnehmung von Veränderungen in einem komplexen Signalsystem)

- technische Sensibilität (Fähigkeit zum Einfühlen in komplexe technische Zusammenhänge)

- Verantwortung (Fähigkeit des gewissenhaften, zuverlässigen und selbständigen Arbeitsverhaltens) (S. 67 - 68).

Dieses Qualifikationsschema wurde sodann (neben anderen Kategorien wie Arbeitsinhalt, Autonomie, Belastungen und Interaktionen) verschiedenen "Typen industrieller Arbeit" zugeordnet, welche nach Ausmaß des Mechanisierungsgrades unterschieden wurden.
Hierbei sind 8 "Stufen" definiert, vom "reinem Handbetrieb" bis zu "teilautomatisierten Aggregatsystemen".

Qualifikationsanforderungen für frei-programmierbare Produktionsmittel, wie sie beispielsweise Industrieroboter darstellen, sind in diesem Schema nicht berücksichtigt.
Jedoch selbst die Bestimmung der Qualifikationsanforderung, wie sie beim "Typ 12 Automatenführung" gegeben ist, läßt ihre Globalität und Allgemeinheit erkennen und damit eine konkrete Verwendbarkeit etwa für ein industrielles Anlernprogramm vermissen.
So steht in dieser Kategorie:

"Angelernten-Tätigkeit mit mittleren Qualifikationsanforderungen: genaue Kenntnis der Bedienungsmöglichkeiten des Aggregats; Materialkenntnisse; Verantwortung; technische Intelligenz und technische Sensibilität sind keine entscheidende Qualifikationskomponenten" (Kern/Schumann Bd. II, S. 95).

Es läßt sich resümieren, daß der Anspruch von Kern/Schumann eine Studie zu erstellen, die "technische bedingte Veränderungen der menschlichen Arbeit" erfassen und eine Klassifikation erarbeiten soll, die "Rückschlüsse auf den Charakter der an bestimmten Produktionsinstrumenten erforderlichen Arbeit zulassen" (S. 54), in einer sehr allgemeinen kategorisierenden Art eingelöst wurde, die trotz reichhaltigen empirischen Materials keine konkrete Bestimmung des jeweiligen Produktions- und Arbeitsprozesses vornahm.
Der hier auftretende Fehler, nämlich die Qualität eines Gegenstandes im Sinne einer genauen Begriffsbestimmung zu ersetzen durch quantifizierende Merkmalssammlungen, zusammengefaßt in bestechenden Kategorientabellen, wird uns noch in anderen Bereichen der Sozialwissenschaften begegnen.

Die Frage einer Relevanz hinsichtlich einer Verwertbarkeit des Kern/Schumannschen Ansatzes für die Ermittlung von Qualifikationsanforderungen, die eine Umsetzung in eine konkrete Qualifizierungsstrategie möglich erscheinen ließen, läßt sich wegen der Abstraktheit der gefundenen Anforderungsmerkmale bezweifeln.
Inwieweit eine Verwendung dieses Kategoriensystems im Kontext einer Lernvoraussetzungsanalyse bestimmter Zielgruppen möglich ist, bleibt noch offen.

Eine weitere, auf dem Ansatz von Kern/Schumann aufbauende richtungsweisende Arbeit waren die Studien von Mickler und

anderen (Mickler, O.; Dittrich, E.et al. 1976), die die Kategorien von Kern/Schumann als zu "summarisch" zu "mehrdeutig" und die Qualifikationskomponenten als zuwenig trennscharf kritisierten (S. 382).
Als "vielversprechenen Weg zur Lösung dieser Schwierigkeiten durch Entwicklung einer Konzeption, welche die einzelnen Komponenten der Qualifikations- und Belastungsanforderungen sinnvoll einander zuzuordnen gestattet" (S. 383), wird von den Autoren der Übergang zur Arbeitspsychologie, und hier besonders zum handlungsorientierten Ansatz Hackers (Hacker, W. 1976), gefordert. Da auch für gegenwärtige soziologische Studien diese arbeitspsychologische Herangehensweise typisch ist (4), soll die Charakterisierung dieses Ansatz mit einer Bewertung seiner Brauchbarkeit für unser Anliegen in Zusammenhang mit den Inhalten und Begriffen der Arbeitspsychologie geschehen.

1.2 Traditionelle Arbeitspsychologie und Arbeitswissenschaft

Die ersten Anfänge der Arbeitswissenschaft als Rationalisierungsinstrument für die Industrie sind verbunden mit dem Namen der bemerkenswertesten Vertreter eines "Scientific management", das eine Leistungssteigerung des im Betrieb anzutreffenden "Arbeitermaterials" und ihre eignungsmäßige Auslese und Verteilung ("the right man on the right place") zum Ziel hatte, nämlich F.W. Taylor. Schon sehr früh entwickelte er zusammen mit seinem Schüler F.W. Gilbreth Arbeitsverfahrensanalyse mit Hilfe von Zeit- und Bewegungsstudien (vgl. Taylor, F.W. 1912). Die Fortsetzung dieser Bemühungen ging über in das sogenannte human engineering, der es vor allem um die Erleichterung der sinnesmäßigen Orientierung am Arbeitsplatz (ausreichende Beleuchtung, gestaltliche Differenzierung der zu betätigenden

Hebel- und Schalterknöpfe etc.), um die Berücksichtigung motorischer Komponenten beim Arbeitsvollzug (Körperhaltung, Arbeitsmittelgestaltung etc.) und um Analysen der optimalen Arbeitszeit und Arbeitspausengestaltung ging.

Die Arbeitspsychologie hat ihre durchaus verwandten Wurzeln in der sogenannten Psychotechnik. Münsterberg (vgl. Münsterberg, 1912) bezeichnete damit alle Anwendungen der Psychologie auf das praktische Leben.

In seiner 1912 erschienen Schrift "Psychologie und Wirtschaftsleben" geht er von der Überzeugung aus, "daß keine Verschleuderung wertvollen Besitzes so gewissenlos sei, wie die, welche davon herrührt, daß man die lebendigen Arbeitskräfte des Volkes nach Zufallsmethoden verteilt, statt sorgsam zu prüfen, wie Arbeiter und Arbeit am besten einander angepaßt werden können." (zitiert nach: Groskurth/Volpert 1975, S. 35).

Explizit fordert Münsterberg, daß das Arbeitsbureau Taylors und das psychologische Laboratorium "von vornherein einander näher rücken sollten", indem "bestimmte Fragen, wie sie aus dem Wirtschaftsleben herauswachsen, der wissenschaftlichen Untersuchung des Psychologen unterbreitet werden." (a.a.O. S 36)

Nach Münsterberg umfaßt die Arbeitspsychologie drei Hauptbereiche:

"a) Die Verwertung der Erkenntnis, daß menschliche Arbeitskraft interindividuell (zwischen den Personen) verschieden ist (Thema Eignung und Auslese);

b) Die Verwertung der Erkenntnis, daß menschliche Arbeitskraft auch am Arbeitsplatz gezielten Lernvorgängen unterworfen werden kann (Thema Einübung und Anlernen);

c) Die Verwertung der Erkenntnis von allgemeinen psychobiologischen Merkmalen der menschlichen Arbeitskraft (Thema Arbeitsgestaltung)" (a.a.O., S. 36).

Der Frage der richtigen Auslese und Plazierung von Bewerbern wurde hinfort große Bedeutung zuteil. Kriterien hierbei waren die Begriffe "Begabung" (vgl. Hull, 1982) und "Intelligenz".

Die Intelligenztests reichen von ihren Anfängen (Binet, 1905) bis in die jüngste Zeit, wobei das Bestreben darin bestand, möglichst alle nur erdenklichen Bereiche menschlicher Betätigung nach dem Kriterium der quantifizierenden Beurteilung von in Tests gemachten Äußerungen als mehr oder weniger intelligentes Verhalten zu erfassen.
Noch heute sieht die Eignungsdiagnostik eine doppelte Aufgabe:
Entwicklung diagnostischer Methoden, die es gestatten, die Bewerber in verlässlicher und diagnostisch relevanter Weise voneinander zu unterscheiden, und die Erarbeitung der spezifischen Anforderungen, die ein definierter Arbeitsplatz an den Menschen stellt (Schmidtke/Schmale S. 10).

1.2.1 Arbeitsanalyse und Qualifikation

Als methodisches Hilfsmittel zur Erfüllung der von Schmidtke/Schmale genannten zweiten Aufgabe, der Ermittlung von Qualifikationsanforderungen wird allgemein die "Tätigkeits- oder Arbeitsplatzanalyse" oder einfach die "Arbeitsanalyse" angewandt.

Dem Methodenkanon der Psychologie verpflichtet, waren bis in die 70er Jahre die Arbeitsanalysen wie alle erwähnten psychologischen Methoden durchwegs "quantitativ" aufgebaut. D.h. bestimmte hypothetische operationalisierte (Anforderungs-)Merkmalskonstrukte wurden mit standardisierten Erhebungsleitfäden auf ihre Häufigkeit und Verteilung in der untersuchten Population mit statistischen Methoden untersucht. Als Beispiele für diese Verfahren mögen gelten:

- das "Formblatt für die Durchführung einer Arbeitsanalyse" von Schmidtke/Schmale, 1961;
- der "position analysis questionnaire (PAQ) von Mc Cormick et al. 1969, und seine deutschsprachige leicht modifizierte Form, der
- "Fragebogen zur Arbeitsanalyse" von Frieling/Hoyos 1978
- das "arbeitswissenschaftliche Erhebungsverfahren zur Tätigkeitsanalyse" (AET) von Rohmert/Landau, 1979

In Abgrenzung zu "phänomenologischen" Verfahren wie etwa den Methoden der analytischen und summarischen Arbeitsbewertung (REFA) (5) legen insbesondere der FAA und der AET folgende Kriterien an ihre eigenen und auch andere Verfahren an:

- Das Verfahren muß auf einem theoretischen Modell basieren, daß eine für die Praxis relevante Interpretation der mit dem Tätigkeitsanalyseverfahren erhaltenen Ergebnisse erlaubt.
- Das Verfahren muß alle in einem konkreten Arbeitssystem vorhandenen Anforderungen vollständig erfassen.

- Das Verfahren soll über eine reine verbale Tätigkeitsbeschreibung hinausgehen und quantifizierbare Aussagen, mindestens auf dem Ordinal-Skalenniveau, erlauben.
- Bei Anwendung des Verfahrens müssen Angaben zur
  - o Zuverlässigkeit, mit der mehrere Beurteiler zum selben Zeitpunkt eine Tätigkeit analysieren und zur
  - o Zuverlässigkeit, mit der die einzelnen Fragen des Tätigkeitsanalyseverfahrens eingestuft werden,

  gemacht werden können (Rohmert/Landau, S. 28).

Der theoretische Ausgangspunkt dieser Arbeitsanalysen basiert auf dem Behaviorismus, der beobachtbares "Verhalten" als alleinigen Ausgangspunkt psychologischer Analyse zuläßt. So fordert etwa Frieling (1975) von Variablen einer Arbeitsanalyse: "Sie müssen verhaltenswirksam, d.h. Sie müssen im Rahmen des Reiz-Organismus-Reaktions-Prozesses einen Einfluß auf das Verhalten der arbeitenden Person ausüben" (S. 58) "Als erstes muß ein systematisches Verfahren zur Arbeitsanalyse entwickelt werden, das gestattet, komplexe Arbeitstätigkeiten ... auf zuverlässige Weise in Elemente oder Beobachtungseinheiten zu zerlegen. Die aus den Arbeitsanalysen resultierenden Daten müssen quantitativer Natur sein" (Frieling 1975, S. 81).

Als nächster Schritt wird ein "Satz von Eignungsanforderungen" hypothetisch formuliert.
Diese Anforderungen "müssen dem Anspruch genügen, das Arbeitsverhalten beeinflussen oder bedingen zu können" (Frieling 1975, S. 81). Diesen das Verhalten beeinflussenden Elementen wird die Bezeichnung "Fähigkeit" (oder "psychische Merkmale" oder "Attribute") zuerkannt, die quasi "hinter" dem beobachtbaren Verhalten wirksam ist.

Dies sieht beispielsweise bei einem Uhrmacher so aus: Ein "Arbeitselement" namens "Unterscheidung von sehr feinen Details" wird isoliert, diesem wird die "Fähigkeit: Sehschärfe im Nahraum" zuerkannt und als Test zur Messung dieser Fähigkeit die "Landollschen Ringe" postuliert. Bei einem weiteren Beispiel wo dem Arbeitselement "Fingertätigkeit" die Fähigkeit "Fingergeschick" entsprechen soll, wird die Tautologie dieser Anschauung offensichtlich: Aus der beobachteten "Tätigkeit" von Fingern wird geschlossen, diese Tätigkeit müsse "geschickt" sein, ebenso geschickt, wie es die Tätigkeit erfordert. Aus dieser "geschickten Tätigkeit" werden zwei Sachen: die qualitätslose Bewegung der Finger und die "dahinter" stehende Fähigkeit "geschickt". Die Fähigkeit bleibt allerdings theoretisches Postulat, da ja nicht beobachtbar und somit Anhängsel des Verhaltens.

In der eigentlichen "Eignungsanforderungsanalyse" werden dann mit statistischen Verfahren die "Arbeitselemente", die zuvor durch Beobachtungen und Befragungen eingestuft werden, jeweiligen "Positionen" (Beruf, Arbeitsplätze etc.) zugeordnet und zusammengefaßt bzw. differenziert.

Am Beispiel des PAQ (FAA) bemerkt dazu Frieling (1975): "Die Positionen werden nicht - wie bei vielen herkömmlichen Verfahren... - nach formalem Ausbildungskriterien oder Industriezweigen klassifiziert, sondern nach den Arbeitsbedingungen und dem Arbeitsverhalten." (S. 93) Arbeitsverhalten wird durch Items (Arbeitselemente) erfaßt wie:

"Verarbeiten von Informationen über Maschinen; Bedienen und Steuern von Maschinen; Benutzen einfacher Werkzeuge; Bewegen der Arme..." (S. 92), die psychologische bzw. psychische Qualität eines solchen Verhaltens wird jedoch mit

der Umformulierung des Arbeitselements in die Fähigkeit des Ausführens zu können nicht erhellt. War beim genannten Beispiel "Fingertätigkeit" mit der zugehörigen Fähigkeit "Fingergeschick" die Verdoppelung bzw. mangelnde Bestimmung des Gegenstands "Fingertätigkeit" offensichtlich, so wird es beim Arbeitselements 37 des PAQ für die Einstufung von Flugkapitänen (Frieling, Hoyos 1978, S. 59 ff) "schlußfolgerndes Denken" noch schwieriger:
Es bleibt die Fähigkeit zum schlußfolgernden Denken als zu messender Gegenstand, der selbst ja nur Verhalten sein darf, um beobachtet werden zu können. Auch lange Abhandlungen über das Problem von Validität und Reliabität helfen da nicht aus der selbst gebauten Sackgasse:

- beobachten von Verhalten
- schließen auf Fähigkeiten, die dieses Verhalten auslösen
- messen dieser Fähigkeiten durch beobachten von Verhalten
- ...

Der folgende Exkurs will versuchen, die "Sackgasse" des Behaviorismus von seiner geschichtlichen Entwicklung her zu diskutieren.

1.2.2 Exkurs: der "bedingte Reflex" und der Behaviorismus

Als Reflex wird in der Physiologie die stereotype, körperliche Reaktion auf einen bestimmten Reiz definiert. Reflexe beruhen auf starren neuronalen Schaltungen zwischen Rezeptoren (den Nerven) und den Erfolgsorganen. Solche angeborene oder auch "unbedingte" Reflexe sind in der Tierwelt z.B. der "Flexorreflex" (= reizt man einer

Katze schmerzhaft die Pfote, so wird sie diese durch Bewegung der Gelenke des Beines wegziehen) oder der beim Menschen bekannte "Patellarsehnenreflex" (durch einen Schlag unterhalb der Kniescheibe wird der freihängende Unterschenkel nach vorne bewegt).

Pawlow versuchte nun an Hunden nachzuweisen, daß optische, akustische oder olfaktorische Begleitumstände, unter denen ein unbedingter Reiz (im Falle Pawlows das Futter) US (unconditioned Stimulus) dargeboten wird, nach mehrfacher Wiederholung zum bedingten Reiz (z.B. "Glockenton") wird; d.h. dieser ursprünglich nicht den unbedingten Reflex (im Falle Pawlows "Speichelsekretion") auslösende Neureiz löst nun den gleichen Reflex aus wie der unbedingte Reiz. Diesen Reflex bezeichnet Pawlow als "bedingten Reflex". Man kann davon ausgehen (vgl. etwa Pickenhain, 1959), daß der bedingte Reflex höhere Nervenzentren als der unbedingte in Anspruch nimmt, jedoch bedarf es bei Ratten, Katzen, Hunden und Affen zu seiner Bildung <u>nicht</u> der Großhirnrinde. Bedingte Reflexe erlöschen wieder, wenn von einem bestimmten Zeitpunkt an US (Futter) nicht mehr auf CS (Glockenton) folgt.

Diese von Pawlow ausschließlich mit Hunden durchgeführten "klassischen" Konditionierungen verleiteten schon sehr bald Bechterew zu einer Übertragung dieser in Tierversuchen gewonnenen Resultate auf den Menschen (vgl. seine Systematik "mimischen Reflexe").
Damit war im Grunde der Anfang der "Verhaltenswissenschaft" gesetzt.
Die Theorie des sogenannten instrumentellen Konditionierens (Thorndike), bei welchen nicht mehr eine natürliche Reaktion mit einem neuen Reiz verknüpft wird, sondern eine Reaktion unter vielen sich als "erfolgreich" beweist, wenn diese Reaktion zu einer Befriedigung des Organismus führt,

und der Einfluß des "logischen Positivismus" (Schlick, Carnap, Wittgenstein u.a.) gipfeln schließlich in einer grundlegenden Skepsis der Behavioristen gegenüber jeder "subjektivistischen", d.h. "operational" nicht mehr "definierbaren" Erklärung einer "Reaktion" eines "Organismus". A.P.Weiß (1925) nahm als einer der ersten den Watson'schen Behaviorismus - ausschließliche Betrachtung von auf den Organismus einwirkenden "Reize" und motorischen "Reaktionen" als Erklärung letzterer durch erstere - methodisch auf und forderte, psychische Phänomene auf physikalisch-chemische Tatbestände zurückzuführen und sie so zu "erklären".

Als anderes, in der Tradition Pawlows stehendes Beispiel seien hier Miller, Galanter und Pribram mit der Konstitution ihrer "TOTE"-Einheit ("Test-Operate-Test-Exit") aufgeführt:

Aufbauend auf einer Rezeption Pawlows und Sherringtons (nach seiner "Neutronenlehre" ist das Nervensystem aus diskreten neuralen Einheiten aufgebaut, welche die Eigenschaften der Nervenstimme haben. Zwischen diesen Einheiten sind sogenannte Synapsen geschaltet, die Eigenschaften haben, die nur den Reflexen eigen sind. Vgl. hierzu: Miller, Galanter und Pribram 1973, S. 31 ff.), in der das physiologische Szenario von neuralen Reizübertragungen beschrieben wird, wird von der Neurophysis auf die Psyche und die Handlung geschlossen:

"Also geht das Muster einer Reflexhandlung so vor sich: Eingangsenergien werden in der Prüfung (Test) mit gewissen Kriterien, welche im Organismus festgehalten sind, verglichen. Eine Reaktion erfolgt, wenn das Resultat des Testes eine Inkongruenz aufweist. Die Reaktion geht weiter, bis die Inkongruenz verschwindet, womit der Reflex zu Ende gekommen ist." (S. 33) Oder an anderer Stelle deutlicher:

"Die nächste Aufgabe wird es sein, die TOTE-Einheit in eine allgemeinere Form zu bringen, so daß sie für viele - wir hoffen für alle - Verhaltensbeschreibungen brauchbar ist." (S. 35)

Aus der <u>physiologischen</u> Entdeckung Pawlows ist damit eine psychologische Betrachtungsweise geworden, die über das auf den Menschen in Anschlag gebrachte "Reiz-Reaktions-Modell" schließlich die physiologischen <u>Voraussetzungen</u> von Verhalten und Äußerung zu dessen <u>Grund</u> erhob.

Die physische Ausstattung des Menschen ist nicht mehr Voraussetzung im Sinne von Mittel für seine willentliche, mit Inhalten versehene Handlung, sondern diese Handlung ist durch die neuronalen Reizmuster bestimmt.

Wenn Miller et al. von "Strategie", "Taktik" oder gar "Plan" sprechen, so werden dabei nicht Gedanken und Vorstellungen dessen, was man zu welchem Zweck tun oder lassen solle explizit angesprochen, sondern diese Begriffe werden einem Modell vom Menschen als eines "Systems der Informationsverarbeitung" zugeordnet, das Gefahr läuft ein tendenziell mechanistisch-deterministisches Menschenbild darzustellen:

"Wenn wir also auf die dynamischen Eigenschaften von Plänen verzichten, so wollen wir doch die Tatsache nicht aus den Augen verlieren, daß mit dem Plan etwas wichtiges geschieht, wenn entschieden wird, ihn auszuführen. Er wird aus dem toten Vorrat hervorgeholt und wird unter die Steuerung eines Ausschnittes unserer Informationsverarbeitungsfähigkeit gestellt. Er wird in den Brennpunkt der Aufmerksamkeit gerückt, und mit dem Beginn der Ausführung übernehmen wir eine Anzahl untergeordneter, aber nötiger Aufgaben wie etwa Daten sammeln oder ständiges erinnern, wieweit wir in jedem gegebenen Augenblick im Plan vorangekommen sind, usw.. Meistens wird der Plan auch noch während der Ausführung mit anderen Plänen um den Vorrang kämpfen, und es mag beträchtlichen Gedankenaufwand kosten, um den Verhaltensstrom dazu zu benützen, um gleichzeitig verschiedene Pläne voranzutreiben." (S. 65 f.)

Die handelnden Subjekte in diesem Zitat sind bunt gemischt, ein unbestimmtes "es", ein "wir", "der Plan", der andererseits aber wieder vorangetrieben sein will. Das, was den Menschen bewegt, etwas zu tun, wird konsequent schließlich so bezeichnet:

"Es ist die Vorstellung, daß das, was den Pfeilen der Abbildung 1 (Darstellung des TOTE-Modells) entlangfließt, ein unfaßbares Etwas ist, welches wir Steuerung nennen." (S. 35)

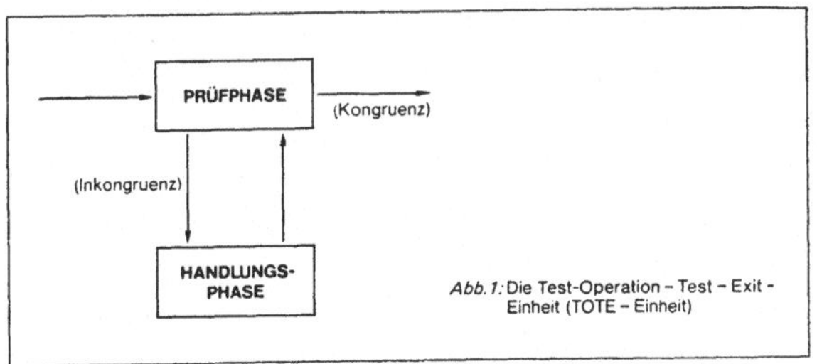

Abb. 1: Die Test-Operation - Test - Exit - Einheit (TOTE - Einheit)

(in: Miller, Galanter, Pribram, S. 34)

In dieses kybernetische Weltbild paßt eben sehr vieles, das der mathematischen Kybernetik entlehnt ist, nur nicht eines: der menschliche Wille als Entscheidungs"instanz".

Die Rezeption Pawlows durch den Behaviorismus bzw. seine kybernetische Spielart läßt sich abschließend durch Lashley sehr treffend charakterisieren:

"... Thus the chief influence on psychology in America of conditioned-reflex theory seems to have been diamtrically opposed to Pavlovs expectation of using his studies as a basis for the physiological exploration of behavior ... It has been his misfortune ot fall into the hands of philosophers ..." (a.a.O. S. 82).

Gegen die oben beschriebene Art der Konzeption von Verhalten als Reaktion auf eine Reizkonfiguration, von der auf organismische Determinanten wie Fähigkeiten, Merkmale etc. geschlossen wird, wendete sich eine Ende der 60er Jahre auch in Westeuropa verbreitende Theorie, die sogenannte Handlungstheorie, die auf den Erkenntnissen der sowjetischen Psychologie, namentlich ihren Vertretern Rubinstein, Tomaschewski und Leont'ew, aufbaute.

Mit der "Psychologie der Tätigkeit" sollten die "Fehlkonzeptionen der Verhaltenspsychologie ... berichtigt (werden), die fälschlich die Tätigkeit insgesamt zum Gegenstand der Psychologie erheben und dabei das Psychische als abgehobene Widerspiegelungsqualität entwerten" (Hacker, W. 1976, S. 56).

1.3 Der handlungstheoretische Ansatz in der Psychologie

Ausgangspunkt handlungstheoretischer Konzepte im weitesten Sinne sind folgende Vorstellungen über das Wesen des Psychischen beim Menschen:

Als Kritik am Behaviorismus wird festgehalten, daß sein S-R-Schema "den inhaltlichen Prozeß, in dem die realen Zusammenhänge zwischen dem Subjekt und der gegenständlichen Welt realisiert werden, d.h. die gegenständliche Tätigkeit des Subjekts (Tätigkeit zum Unterschied von Aktivität) aus dem Gesichtskreis der Untersuchung ausschließt". (Leont'ew 1982, S. 77)

Demgegenüber wird die bewußte und zielgerichtete Tätigkeit des Menschen als Vermittlungsinstanz von Subjekt und Objekt hervorgehoben:

"In der Tätigkeit erfolgt auch der Übergang des Objekts in seine subjektive Form, in das Abbild; gleichzeitig erfolgt in der Tätigkeit auch der Übergang der Tätigkeiten ihrer objekten Resultate, in ihre Produkte. Nimmt man die Tätigkeit von dieser Seite, fungiert sie als ein Prozeß, in dem die wechselseitigen Übergänge zwischen den Polen "Subjekt-Objekt" verwirklicht werden." (a.a.O. S. 83)

Dieser "Prozeß" bedarf nun einer Steuerung, der sogenannten Regulation der Handlung. Formen der Tätigkeitsregulation werden unterschiedlich bezeichnet:

Linhart (in: Kossakowski 1980 b, S. 268 ff.) unterscheidet in kognitive und motivationale Regulation; Hacker (1978) in Ausführungs- und Antriebsregulation wobei er erstere wiederum in drei "Ebenen" unterteilt:

Die sensumotorische, perzeptive und intellektuelle Regulationsebene.

Kossakowski (1980 a) unterteilt die Klassifizierung der psychischen Komponenten der Handlungsregulation in informationsaufnehmende, informationsverarbeitende, in Wahrnehmungs-, Bewertungs-, Klassifizierungs-, Entscheidungsprozesse und in die Vorgänge der Informationsspeicherung und -aktualisierung. (S. 27)

Allen Vorstellungen von Handlungsregulation ist gemeisam, daß sie auf der Basis der "Widerspiegelung" geschehen. Auch hier ist wieder keine einheitliche Begrifflichkeit anzutreffen. Die Palette reicht von physiologisch-kybernetischen Konzeptionen wie bei Linhart ("Als Widerspiegelung fassen wir die partielle Ähnlichkeit der Besonderheiten (Merkmale) des widergespiegelten Gegenstandes mit den Besonderheiten, die dieser Gegenstand im widergespiegelten Subjekt (in seinen Sinnesorganen, seinem Gehirn usw.) hervorruft", Linhart S. 270) bis hin zu philosophisch-persönlichkeitspsychologischen Auffassungen von Widerspiegelung wie bei Leont'ew ("die psychische Widerspiegelung, das Bewußtsein kann die einen oder anderen Handlungen des Subjekts schon nicht mehr nur orientieren, sie muß auch aktiv die Hierarchie ihrer Beziehungen, das Unterordnen und Umordnen ihrer Motive widerspiegeln.", Leont'ew 1982, S. 201 f.).

Das Produkt der Widerspiegelung, das handlungsleitende Abbild, reicht demgemäß ebenso von rein physiologischen Vorstellungen (Abbild auf der Netzhaut und im Gehirn etc.) bis zu kybernetisch-technizistischen (das "operative Abbildsystem" bei Hacker als quasi "Programm" für das menschliche Handeln) und philosophischen Definitionen (Abbild als Vorstellung und Bewußtsein von der Realität, vgl. Leont'ew 1982, S. 72).

Die menschliche Tätigkeit oder Handlung wird also nicht wie im Behaviorismus auf eine bestimmte Reizkonfiguration zurückgeführt, die eine "Reaktion" = Verhalten auslöst (unter Einbeziehung aller möglichen "intervenierenden Variablen"), sondern auf ein Ziel, ein "Motiv", welches gesellschaftlich vorgegeben ist und über den Vorgang der Widerspiegelung sich in der bestimmten Tätigkeit "materialisiert" und so wieder widerspiegelnd auf das Ziel zurückwirkt.

Das Erkenntnisinteresse der Handlungstheorie bzw. der materialistischen Psychologie ist dem des Behaviorismus nicht unähnlich:

Wege und Mittel zu finden, den Menschen zu der Tätigkeit bzw. dem Verhalten zu bringen, das erwünscht ist:

"... die Entwicklung derjenigen psychischen Regulationskomponenten der Handlung zu untersuchen, die der Persönlichkeit in zunehmenden Maße ein bewußtes, selbständiges, den gesellschaftlichen Erfordernissen und individuellen Bedürfnissen gemässes Handeln ermöglichen." (Kossakowski, 1980 a, S. 31).

Inwieweit nun diese Konzeption für das in dieser Arbeit interessierende Gebiet, die Erhebung von Qualifikationsanforderungen erkenntnisträchtiger ist als die zuvor beschriebenen behavioristischen Konzepte, will das folgende Kapitel untersuchen.

1.4 Arbeitsanalyse mit handlungstheoretischer Orientierung

Wie die in Kapitel 1.2. beschriebenen Instrumente zur Analyse der Arbeitstätigkeit, die dadurch auf die Anforderungen mit Hilfe beobachtbarer und quantifizierbarer "Merkmale" schließen wollten, so findet sich auch auf dem Gebiet der Handlungspsychologie ein reichhaltiges Methodeninventar, welches sich - wenn nicht als Gegensatz - so doch als fundamentale Ergänzung der auf behavioristischen Prinzipien beruhenden Arbeitsanalysen versteht.

Zu nennen wären hier etwa:

- das im Zusammenhang mit industriesoziologischen Ansätzen bereits erwähnte "Kategorienschema für die Qualifikationsanalyse" von Mickler et al. (1976)
- das "Tätigkeitsbewertungssystem" TBS von Hacker et al. (6)
- das "Verfahren zur Ermittlung von Regulationserfordernissen in der Arbeitstätigkeit" (Vera) von Volpert et al. (7)
- und schließlich das "Tätigkeitsanalyse-Inventar" (TAI) von Frieling et al. (Dürholt et al. 1984), ein im Gegensatz zu seinem früheren FAA ebenfalls auf handlungstheoretischen Konstrukten beruhendes Instrument.

Allen genannten Verfahren ist die Absicht gemeinsam, Arbeitshandeln unter dem Aspekt seiner psychischen Regulationsmechanismen zu betrachten. Die Arbeitstätigkeit wird auf ihr Ausmaß der Beanspruchung der jeweiligen Regulationsebenen des arbeitenden Individuums hin untersucht.

Hackers Regulationsschema, welches letztendlich allen o.g. Instrumenten zugrundeliegt, geht von drei Regulationsebenen aus:

- der <u>sensumotorischen Regulationsebenen</u>, die automatisierte, nicht bewußtseinspflichtige Tätigkeitsbestandteile im Sinne von nicht-reflektierten Fertigkeiten umfaßt
- der <u>perzeptiv-begrifflichen Regulationsebene</u>, die die Aufnahme und Verarbeitung informationshaltiger Signale sprachlicher und nicht sprachlicher Natur umfaßt.
- Der <u>intellektuellen Regulationsebene</u>, welche als hierarchisch höchste Ebene die eigentlichen Denkoperationen umfaßt, die vor allem bewußtseinspflichtige und sprachgebundene "Probeoperationen im Abbildbereich", also quasi Ziel- bzw. Handlungsplanungen sind.

1.4.1 Das Kategorienschema von Mickler

Der Ansatz von Mickler et al. (1976) - ausgehend vom Interesse Gestaltungsalternativen hinsichtlich Produktionstechnik und Arbeitsorganisation für die in den jeweiligen Arbeitssystemen arbeitenden Menschen zu entwickeln - stützt sich vornehmlich auf drei Anforderungsarten an die Qualifikation des Arbeiters:

- die sensumotorischen Fertigkeiten
- die kognitiven Qualifikationsanforderungen
- die Anforderungen an Arbeitsmotivation (Mickler S. 384f)

Nach Mickler sind in der automatisierten Produktion vor allem die beiden letzteren Anforderungsarten von Bedeutung, da die Sensumotorik vorwiegend "an die technische Apparatur 'delegiert'" ist.
Die Denkanforderungen gliedern sich nun in ein Schema aus "Aufgabentypen", die bestimmte "produktionspraktische Denkvorgänge" erfordern (in der Abbildung horizontal) und in "unter dem Aspekt zunehmender Allgemeinheit und wachsender Anforderungen an die Bewußtheit der Problemlage" weiter in mehrere qualitativ abgrenzbare, hierarchisch gestufe Ebenen (in der Abbildung vertikal).

	Arbeitsgegenstand		Arbeitsmittel	Arbeitsorganisation
sensumotorische Fertigkeiten	Geschick im Umgang mit Arbeitsgegenständen		Geschick im Umgang mit dem Arbeitsmittel	
kognitive Anforderungen				
Wahrnehmungsfähigkeiten	Materialgefühl		technische Sensibilität	kommunikative Sensibilität
Anforderungen an routinisiertes Arbeitsverhalten		technische Routine		Organisationsroutine
Denkanforderungen		technische Intelligenz (Beurteilung, Transformation, Verfahrenswahl, individuelle Arbeitsplanung)		Organisationsintelligenz (Beurteilung, Verfahrenswahl, Arbeitsplanung)
— empirisch-adaptiv				
— systematisch-optimierend				
— strategisch-innovativ				
Kenntnisse	Materialkentnisse	Verfahrenskenntnisse	Kenntnisse des Arbeitsmittels	Kenntnisse der Arbeitsorganisation
arbeitsmotivationale Anforderungen	Einhaltung von Qualitätsnormen	Einhaltung von technischen Normen	Erhaltung des Arbeitsmittels	Einhaltung von Organisationsnormen

Bild 1.1: Qualifikationskomponenten nach Mickler, 1976

Schließlich gipfelt dieses Schema in einer Gesamtübersicht der "Qualifikationskomponenten" (vgl. Mickler, 1976, Abbildung S. 389), die zwar hinsichtlich ihrer einzelnen Bestandteile beschrieben werden, aber in ihrer Beschreibung abstrakt und allgemein bleiben. Beispielsweise wird die "Denkanforderung" an die "technische Intelligenz" als "gegenständliches Denken" beschrieben, welches sich wiederum in die Komponenten von Denkanforderungen, nämlich empirisch-adaptiv, systematisch-optimierend, strategisch-innovativ tautologisch aufhebt.
Daß Kategorien solcher Art nur sehr beschränkten Nutzen in der Untersuchung einer Aufgabe, einer bestimmten Tätigkeit und der Art und Weise wie sie vom Tätigen erlernt werden können besitzen, ist naheliegend.

1.4.2 Das Volpert'sche Instrumentarium "VERA"

Das Instrument "VERA" (bzw. in seiner früheren Form "VILA") baut ebenfalls auf dem Hacker'schen Regulationsschema auf. Im VERA wird ebenfalls von drei Regulationsebenen ausgegangen, wobei Volperts Ansinnen war, mit seinen Ebenen 2 - 5 eine Ausdifferenzierung der Hacker'schen "intellektuellen Regulationsebene" zu bewerkstelligen. Sein "10-Stufen-Modell der Regulationserfordernisse" sollte schließlich die jeweilige Ebene hinsichtlich einer "restriktiven" und einer "nicht-restriktiven Stufe" differenzieren:
"Restriktion ist durchgängig dadurch definiert, daß die oberste, gerade noch benötigte Regulationsebene in eingeschränkter Weise gebraucht wird" (Volpert et al, S. 150).
In der Beschreibung der Projektgruppe VILA zu ihrem Instrument heißt es nun:
"Es muß deutlich sein, daß sich die Beurteilung einer Arbeitsaufgabe auf der Grundlage eines Stufenmodells nicht

generell auf Klassen von Arbeitstätigkeiten - wie z.B. auf "Schweißen" - richten kann. Vielmehr geht es um die Beurteilung jeweils einer speziellen Arbeitsaufgabe, die sich an einer bestimmten Stelle in einem bestimmten Betrieb unter den dort spezifischen technischen und organisatorischen Bedingungen stellt. Z.B. wäre das selbständig ausgeführte "Zusammenschweißen von Behältern verschiedener Ausführung" eine gänzlich andere Arbeitsaufgabe als die stets wiederholte "Herstellung einer bestimmten Schweißnaht an stets gleichen Behältern". Die letztere Arbeitsaufgabe wäre einer niedrigeren Stufe zuzuordnen (S. 154).
Die Problematik des Volpert'schen Ansatzes wird hier schlagend klar: es wird zwar "von manueller Geschicklichkeit" und von "Anforderungen an das vorbereitende und begleitende Denken bzw. Planen" als nähere Ausführung einer "Stufe" gesprochen, jedoch hätte das Schweißen einer Kehlnaht in w ("Wannenlage") mit einer Blechdicke von 5 mm mit Hilfe eines Schweißroboters mit textueller Programmierung, aber ohne Nahtsuchsystem, am Anfang viel vorbereitendes Denken, nach einer gewissen Routine dann weniger vorbereitendes Denken nötig - vorausgesetzt, der Schweißer läßt immer solche Nähte schweißen.

Nur - was hat man von dieser Zuordnung auf eine oder zwei Regulationsebenen? Was bedeutet die Anforderung dieser Regulationsebene, die von der eben beschriebenen Aufgabe ausgeht, für die Charakterisierung des Wissens- und Kenntnisstandes eines solchen Schweißers? Was ändert sich an dem notwendigen Wissen, wenn der Schweißer nicht mehr selbst die Pistole führt, sondern einen Schweißroboter dazu bringt, so zu schweißen wie es der Schweißer will?
Die Betrachtung Volperts geht nahezu ausschließlich auf die <u>Stellung</u> des Arbeitenden im Produktionsprozeß ein und zwar hinsichtlich eines nach Planungserfordernissen ge-

wichteten Handlungsspielraums. Über den Inhalt der Tätigkeit selbst, wird durch dieses Instrument nichts verlauten gelassen.

Und was soll letztlich der Anspruch von VERA anderes als "Inhalt" sein, wenn von "Regulationserfordernissen" die Rede ist, die die Einlösung von "Handlungsforderungen" - gestellt durch "bestimmte (!) Aufgaben... etwa in einem Betrieb" - von seiten des arbeitenden Menschen ermöglichen sollen?
Ist die Frage "wie weit eine einzelne Arbeitstätigkeit Überlegungen und Planungen... erfordert" durch eine Ebenenzuordnung beantwortbar?
Wenn bestimmte Aufgaben bestimmte Handlungen erfordern, so ist nach Auffassung des Autors um den bestimmten Inhalt dieser Handlung nicht herumzukommen.

Als Inhalt der Tätigkeit soll vom Autor in diesem Zusammenhang nicht nur der beobachtbare äußere Handlungsablauf, sondern auch dessen Voraussetzungen verstanden werden:

Das Wissen, das dem zu bearbeitenden Gegenstand gerecht wird und die Umsetzung dieses Wissens während der Einlernphase und später in der Arbeit selbst.
Aneignung und Umsetzung von Wissen ist etwas anderes als "Regulation". Letztere will in Gestalt einer hierarchischen "Ebenen"-Konstruktion die Handlung als einer Ebene zugehörige und damit von ihr "regulierte" definieren, ohne das in den Mittelpunkt zu stellen, was diese Handlung erst ermöglicht: mehr oder weniger Wissen über den Arbeitsgegenstand im weitesten Sinne (vgl. hierzu ausführlicher Kap. 1.6).

Ein Beispiel aus dem im zweiten Teil dieser Arbeit geschilderten Kurses soll dies verdeutlichen:

Das Programmieren eines Roboters würde in den vorgenannten Klassifikationen wohl zum großen Teil der "intellektuellen Regulationsebene" anheimfallen. Man findet dort "Denkprozesse", "Planerstellungen", "Weg-Mittel-Analysen" und vieles anderes mehr. Auch die "perzeptiv-begriffliche Regulationsebene" ist nicht unterrepräsentiert:
Informationsaufnahme und -verarbeitung sprachlicher wie nicht-sprachlicher Art, Signalerkennung usw. lassen sich dort finden.

Die "sensumotorische Regulationsebene" schließlich steuert die Bedienbewegungen des Programmierers beispielsweise beim Bedienen eines joy-sticks oder beim Eingeben eines Programms mit Hilfe der Tastatur eines Terminals.
Dies alles läßt sich qualitativ und quantitativ mit Hilfe o.g. Tätigkeitsanalyseinstruments feststellen. Nur das, was da festgestellt wurde, sagt nur über eines etwas aus: die und die Regulationsebene ist mit diesen oder jenen Prozessen beteiligt - soweit man das Konstrukt "Handlungsregulation" überhaupt teilt.

Eine Operationalisierung eines Teilkonstrukts wie "Planerstellung", zählt dann wiederum den formalen Handlungsablauf einer solchen Planerstellung auf, der Inhalt des Plans jedoch als durch Wissen und Kenntnisse beispielsweise der Programmiersprache bestimmt, ist nie Kernpunkt des Interesses.
Wie die quantitativ ausgelegten Analyseinstrumente vom äußeren "Verhalten" auf die zugrundeliegenden "Fähigkeiten" schlossen, diese dann als notwendige "Qualifikationen" bestimmten, so schließen Handlungstheoretiker von der "Handlung" auf eine "psychische Struktur", die diese Handlung "reguliert". Der Erwerb dieser Struktur geschieht wiederum über "Handlungen", wenn auch über "Sprachhandlungen", "Denkhandlungen" etc.. Die Erfassung des eigent-

lichen Inhalts der Tätigkeit tritt gegenüber dem "eigentlichen Wesen der menschlichen Handlung im Arbeitsprozeß" (Hegelheimer 1977 a, S. 17) zurück.

Der Sinn eines solchen Unterfangens wird von Hegelheimer folgendermaßen charakterisiert:

"Dabei geht es bislang vorrangig um die Systematisierung des Wissensvorganges an sich, während die Ableitung der Ordnungs-, Ausbildungs- und Lernziele aus Arbeits- und Berufsanalyse demgegenüber zurücktritt" (a.a.O., S. 17).

Auch die sogenannte Qualifikationsanalyse (vgl. Hegelheimer 1975 und 1977 b) ist "erst im Entstehen begriffen, die Begriffsbildung uneinheitlich und nur wenig präzise" (Hegelheimer 1977 a, S. 18) und ihr Zweck ist ausschließlich "die Fragestellungen nunmehr umfassender und zielgerichteter zu formulieren" (a.a.O., S. 18).

Zusammenfassend kann also festgestellt werden, daß die Anwendung verhaltens- oder auch handlungstheoretischer Instrumente zur Tätigkeits-, Arbeits- oder Arbeitsplatzanalyse zwar die Klassifikation von Tätigkeiten in beliebige Kategorien zuläßt, dies aber noch keinen zweckmäßigen Rückschluß auf die Art der zu vermittelnden Inhalte einer bestimmten Tätigkeit zuläßt.

1.5 Die Arbeitspädagogik als Vermittlungsinstanz gefundener Qualifikationsanforderungen

Der Ausgangspunkt der Diskussion soziologischer und psychologischer Konzepte in dieser Arbeit war die Frage nach den Qualifikationsanforderungen, dem Qualifikationspotential oder schlicht danach, was der einzelne Arbeiter oder die Arbeiterschaft als Gesamtes können und kennen muß, um bestimmte Arbeiten zu verrichten.

Beschäftigte sich die Soziologie v.a. mit allgemeinen empirischen Erhebungen über den Einfluß von Technik auf die industrielle Arbeit und dort auf vorhandene Qualifikationspotentiale, so wollte die Arbeitspsychologie mit Arbeitsanalysen "Fähigkeiten", "Eignungsanforderungen", "Handlungsforderungen" oder "Regulationserfordernisse" des einzelnen Arbeitsplatzes ermitteln. Daß beide Ansätze für die konkrete Qualifizierung nur eine bedingte Hilfestellung bieten, wurde in den vergangenen Kapiteln aufzuzeigen versucht:

Zwar werden mit Hilfe der Arbeitsanalysen Tätigkeitsklassen ermittelt, die auf Merkmals- und Fähigkeitskonstrukte oder Regulationsebenen bezogen werden, allerdings ist die Frage der Transformation solcher Analyseergebnisse in Qualifikationsanforderungen oder gar Lehrinhalte nicht Erkenntnisinteresse der psychologischen Wissenschaft. Inwieweit hier die Pädagogik Hilfestellung leisten kann ist Inhalt dieses Kapitels.

1.5.1 Geschichtlich-begrifflicher Überblick

Die Pädagogik, die sich vom griechischen "Paideia" ableitet, was soviel heißt wie Bildung oder Erziehung, verzeichnete schon sehr früh Unterabteilungen, die sich Arbeitspädagogik, Wirtschaftspädagogik, Technopädagogik, Ingenieurpädagogik, Industriepädagogik und vieles andere mehr nannten, die von den einzelnen Fachvertretern in völlig abweichender Weise definiert wurden. So schreibt etwa Greinert (1975): Bis vor wenigen Jahren "konnte man als ein besonderes Kennzeichen der im Rahmen von Lehrerbildung zur Universtitätsdisziplin avancierten Berufspädagogik darin erblicken, daß die Mehrzahl ihrer Vertreter damit beschäftigt war, die zentralen Denkmuster dieser Disziplin... immer wieder neu zu interpretieren oder aber in spezifischen, im traditionellen Begriffsrahmen verharrenden Varianten zu reproduzieren." (S. 18)

Begriffe aus den verschiedenen Unterdisziplinen wurden "von der Literatur in verschiedener Weise und meist völlig willkürlich in Beziehung gesetzt. Einige von ihnen erscheinen gelegentlich als Synonyma, dann wieder als gleich geordnete Begriffe zur unterscheidenden Kennzeichnung der besonderen Aufgaben in Bereich kaufmännischer, gewerblicher und landwirtschaftlicher Berufsausbildung, dann als Entwicklungsstufen dieser Disziplinen..., schließlich aber auch als Differenzierungen, wobei teils die Wirtschaftspädagogik, teils die Arbeitspädagogik als der die anderen Termini subsumierende Begriff behauptet ist." (Blankertz, 1963, S. 127 ff).

Versucht man eine Bestimmung der Arbeitspädagogik anhand ihrer geschichtlichen Entwicklung zu beginnen, so ist hier etwa A. Fischer (1926) zu nennen, der Arbeitspädagogik definiert "als der pädagogische Eponent eines ökonomistischen, technizistischen Zeitalters, für das der Weg zum Menschentum durch die Notwendigkeiten des wirtschaftlich-staatsbürgerlichen Daseins hindurchführt." (Zitiert nach Dörschel, 1967, S. 225). Für A. Friedrich (1925) ist Ziel einer Arbeitspädagogik der "denkende Arbeiter", dem die "Arbeit befreiende Tat" ist. Voraussetzung hierfür ist die "Verbundenheit zwischen Mensch und Arbeit", herbeigeführt durch die Einreihung der Arbeit "in die große Lebensaufgabe" und "in kraftvoller Hingabe des ganzen Menschen im Schaffen wahrer Arbeitsbemeisterung" eintrete. (Friedrich, 1925)

Während diesen Apologeten der Unterordnung des arbeitenden Menschen unter Staat und Gesellschaft die Arbeitspädagogik dafür gerne als Mittel des "reibungslosen Betriebsablaufs" optimal erschien (Friedrich, 1925, S. 1), war schon in der Spätzeit der Weimarer Republik in Gestalt der 1931 entstandenen "Prerower Formel" eine neue Richtung der Erwachsenenbildung zu erkennen, die das völkische und gemeinschaftsbildende bisheriger faschistoider pädagogischer Konzeptionen aus ihren Programmen entfernte. So lautete das Bildungsziel in Punkt 2 der "Prerower Formel": "das Bildungsziel ergibt sich aus der Notwendigkeit der verantwortlichen Mitarbeit aller am staatlichen, gesellschaftlichen und kulturellem Leben der Gegenwart. Die erzieherische Wirkung der Abendvolksschule liegt in der Klärung und Vertiefung der Erfahrungen, der Vermittlungen gesicherter Tatsachen, der Anleitung zu selbständigem Denken und der Übung gestaltender Kräfte." (in: Henningsen, 1960,S. 147).

Nach dem zweiten Weltkrieg definierte Riedel (1949) die Arbeit als "Grundsituation unseres Lebens" und deshalb das "Arbeitenlernen - das Erlernen der Arbeit schlechthin wie das Erlernen bestimmter Arbeiten - (als) eine der Voraussetzungen für die Lebensbewährung, und deshalb ist die Hilfe dazu eine der wichtigsten Formen pädagogischer Unterstützung. Sie macht für mich den Inhalt der Arbeitspädagogik aus." (S. 359)

Gerade in der arbeitspädagogischen Theorie Riedels läßt sich im weiteren auch eine Verbindung zur Arbeitsanalyse, wie sie im Kapitel 1.2 und insbesondere 1.3 (Handlungstheorie) diskutiert wurde, herstellen. Die Riedel'sche Arbeitsanalyse setzt bei der Erfassung von sogenannten Kern- und Randleistungen in einer Arbeitstätigkeit an, die zu fördern dann Aufgabe der Pädagogik ist:

"Alle mit der Aufstellung des Planes und der Ingangsetzung des Handelns nach ihm zusammenhängenden Leistungen sind nun ihrem Wesen nach geistige Leistungen: Der Plan erhellt durch sie seine Gestalt und seine Wirkkraft. Diese geistigen Leistungen nenne ich Kernleistungen, weil sich in ihnen das für die Gesamtleistung wesentliche abspielt. Zu ihnen gehören Lageerfassung, Überlegung, Entscheidung und Entschluß." (Riedel, 1953, S. 1 ff.).

1.5.2 Curriculumdiskussion und Lernzieldebatte

Konnte als Resümee der psychologischen Arbeits- und Tätigkeitsanalysen festgehalten werden, daß eine problemlose Transformation gefundenen Tätigkeitsmerkmalen bzw. -kategorien in Lehrinhalte nicht unmittelbar möglich ist, so bietet sich als Lösung dieses Problems die sogenannte Lernzielanalyse (vgl. Robinsohn, Blankertz, Möller u.a.) an.

Nach Hegelheimer untersucht diese Lernzielanalyse die Frage "wie sich (1) im Rahmen der Ausbildungsordnungsforschung die Arbeits- und Berufsanalyse mit curricularen Kategorien verknüpfen läßt, (2) wie Lernziele beruflicher Curricula damit durch eine sozialwissenschaftlich-empirische Analyse besser fundiert werden können und schließlich (3), ob und inwieweit Tätigkeitsmerkmale so formuliert werden können, daß sie ohne curriculare Transformation unmittelbar als Lernziele gelten und der Ausbildungsordnung als beruflichem Curriculum vorgegeben werden können... Ausgangspunkt der Lernzielanalyse ist damit das Lernziel, während inhaltliche und didaktische Probleme des Lernvorganges von ihm bestimmt werden." (Hegelheimer, 1977 a, S. 18 f)

Die Lernzielanalyse ist somit integrativer Bestandteil der Unterrichtsplanung. Hermann/Laaf (1975) nennen als "spezielle Konsequenzen der Besonderheiten Erwachsener für die Unterrichtsplanung" die Berücksichtigung der

- Zielplanung, der
- didaktischen Planung und der
- methodischen Planung

des Unterrichts (vgl. S. 56).

Für den ersten Aspekt, die Zielplanung, sind insbesondere die Termini Curriculum, Lehrziele und Lernziele von Bedeutung.

Bezeichnet "Curriculum" meist die prinzipiellere Auseinandersetzung über gesellschaftliche Bildungsinhalte überhaupt, darüber was Bildung eigentlich vermitteln solle und wer Bildungsinhalte in gesellschaftlichen Bereich bestimmen kann, soll oder darf, so leitet sich die "Lernzieldebatte" in engerem Sinne nach Klauer (1972, S. 14) ursprünglich aus einem Übertragungsdilemma der Begriffe aus dem anglosachsischen Sprachraum ab. Dort wird nach Klauer zwischen "Lehren" (educating, teaching, instructuring) und "Lernen" (learning) deutlich unterschieden.

Desweiteren würde nur der Begriff "educational" oder "instructional objectives" aber nie der Begriff "learning objectives" zu finden sein.

Aber nicht nur deswegen favorisiert Klauer den Begriff "Lehrziel" gegenüber "Lernziel", sondern vor allem weil Lernen ein intrapsychischer, nicht beobachtbarer Vorgang sei, der external durch den Lehrer gesteuert würde.

Dem gegenüber beharrt die behavioristische Bestimmung von Lernzielen auf ihrer Definition von Lernen als Prozeß der Verhaltensänderung aufgrund von Erfahrungen. Mager definiert Lernziel folgendermaßen:

"Unter Lernziel versteht man eine Absicht, die durch die Beschreibung der erwünschten Veränderung im Lernenden mitgeteilt wird - eine Beschreibung von Eigenschaften, die der Lernende nach erfolgreicher Lernerfahrung erworben hat. Es ist die Beschreibung eines Katalogs von Verhaltensweisen, die der Lernende äußern können soll." (Mager, 1972, S. 3)

Die bereits aus der Diskussion der Arbeitspsychologie bekannte Konstruktion von Eigenschaften, Merkmalen oder Fähigkeiten, die über den S-O-R-Prozeß erworben und als Verhaltens-"Elemente" beeinflußt werden können, findet sich auch in der Pädagogik wieder, nämlich im Konflikt zwischen "behavioral approach" und "cognitive approach":

Während behavioristische Vertreter wie Gagne oder Mager die Fähigkeit am "äußeren, beobachtbaren Verhalten" festmachen, Lernen also als Verhaltensänderung definieren, ist für Vertreter der Kognitivistischen Linie wie Bloom, Bruner, Ausubel etc. Lernen ein "zentraler Prozeß des Erwerbs und der Ausbildung kognitiver Strukturen".

War beim Behaviorismus die Fähigkeit im "Verhalten" repräsentiert, welches sich durch "trial and error" in Gestalt von "Habits" (Gewohnheiten) formt, so findet sich bei den Kognitivisten die Fähigkeit in den "Strukturen" wieder. Diese Strukturen oder auch "psychischen Dispositionen und Prozesse" sind, wie bei Bloom, in sogenannte Lernziel-Taxonomien übersetzt:

In ihnen sind Kategorien zu finden wie:

1. Wissen
2. Verstehen
3. Anwendung
4. Analyse
5. Synthese
6. Bewertung

wobei Disposition beispielsweise die "Fähigkeit zu analysieren" ist, während Prozeß das "Analysieren" bezeichnet. Auch hier ist die Trennung von Wissen und Fähigkeit vollzogen, nur daß die behavioristische Lernzielformulierung mit ihrem obligatorischen Tätigkeitsverb durch das Substantivum ersetzt ist, welches psychische Strukturen bezeichnet ("Problemlöseverhalten", "induktives Denken" etc.):
Für den Lernprozeß "entscheidend sind jedoch nicht die Objekte, sondern die ihnen zugrundeliegenden Strukturen" (Diener et al., S. 107). Bei Ausubel müssen schließlich noch die Objektstrukturen der "logische Sinn" (S. 109) mit den "Lernstrukturen" des Lernenden "Koinzidieren".

Resümierend läßt sich feststellen, daß die Frage nach den Lehrinhalten als dem zu lehrenden Gegenstand entsprechende nicht mit der "Lernzielformulierung" verwechselt werden darf, will man konkrete Bestimmungen des Lerngegenstands nutzen und sich nicht mit allgemeinen Klassifikationen von psychischen Prozessen, Verhaltensequenzen oder Strukturen zufrieden geben.

Ein Beispiel aus der später detaillierter beschriebenen Kursdurchführung (vgl. Kap. 4) soll dies verdeutlichen:
Das Ziel, der Schüler soll nach dem Lehrgang beispielsweise einen Roboter programmieren können zu formulieren,

er könne dann ein Programm "eintippen" oder "niederschreiben" oder aber müsse Kenntnisse "anwenden", sich neue "synthetisieren" und dabei "Fähigkeiten zu analysieren" entwickeln, um schließlich ebenfalls den Roboter programmieren zu können, sagt über die konkrete Anforderung beim Programmieren nichts aus.

Als Problem bleibt festzuhalten, wie wird beispielsweise der Lerngegenstand "Programmieren" in Lehrinhalte aufgelöst, ohne sich in Zuweisungen auf allgemeine psychische Kategorien und Strukturen zu erschöpfen oder Teil- und Endergebnis des Unterrichts als Verhaltenskategorien umzuformulieren, ohne damit dem Lerngegenstand näher gekommen zu sein. Auch das behavioristische Argument des "Operationalisierens" als Überprüfungsmöglichkeit des Lernerfolgs basiert auf dem methodischen Prinzipeinwand nur direkt beobachtbares Verhalten ließe sich bewerten. Es versperrt allerdings auch die Möglichkeit einen mangelnden Lernerfolg dadurch zu verbessern, als man "nicht beobachtbare" falsche Schlüsse, die der Schüler aus seinen vorhandenen Kenntnissen zog, rekapituliert, das konkret fehlerhafte Denken also korrigiert.

Die bewußte Ausklammerung von Denkprozessen als "Black Box" ist deshalb ebensowenig nützlich wie die Behauptung allgemeiner Denk- und sonstiger psychischer Strukturen, die ihrerseits erst das konkrete Denken ermöglichen sollen.

Im Abschluß soll versucht werden, eine eigene theoretisch begründete praktikable Bestimmung dessen zu vollziehen, was die Bestimmungsmerkmale von Denken, Wissen und Lernen sein könnten, um darauf die praktische Herleitung des Trainings aufzubauen.

1.5.3 Exkurs: Wissen, Lernen, Handeln

> "Zuerst hat die Intelligenz ein unmittelbares Objekt, dann zweitens einen in sich reflektierten, erinnerten Stoff; endlich drittens einen ebenso subjektiven wie objektiven Gegenstand."
> (Hegel, Die Philosophie des Geistes, Seite 245)

Im Gegensatz zum Tier zeichnet den Menschen aus, daß er alles, was er tut, mit Willen und Bewußtsein vollzieht. Sein Handeln wird bestimmt von dem, was sich der Mensch in seinem Bewußtsein mit Hilfe seines Verstandes erdacht und zum Zweck seines Handelns gemacht hat. Der Mensch reagiert nicht auf Reize, wie die Ratte im Experiment des Behavioristen, sondern folgt dem eigenen Willen, der die Zwecke seines Tuns festlegt und aufgrund des Wissens zwischen Handlungsmöglichkeiten abwägt, <u>bevor</u> er handelt.

Während körperlich stärkere Lebewesen als der Mensch sich immer nur im instinktmäßig vorgegebenen Rahmen der Natur bewegen, ist der Mensch als denkendes Wesen in der Lage, mit Hilfe seines Verstandes und seines Wissens diese "stärkere" Natur zu beherrschen und sie für sich zu nutzen. Insofern ist die <u>geistige</u> Aneignung der Welt immer Voraussetzung für die <u>praktische</u> Aneignung durch den Menschen.

Selbst scheinbar "unbedachte" Handlungen setzen Bewußtsein voraus, enthalten Wissen und bauen auf Wahrnehmungs-, Erfahrungs-, Denk- und Willensakten auf. Jedoch beruht solches Handeln nicht auf einem Wissen, das <u>begründet</u> ist im Sinne einer Systematisierung und Objektivierung von Wahrnehmungsdeutungen, sondern auf einem vorläufigen, unmittelbaren Wissen, welches sich meist auf "Erfahrung" oder "Praxis" beruft.

Zwar ist Erfahrung eine erste Orientierung für den Menschen, die jedoch am begrenzten Horizont der individuellen Erfahrung als einer nur zufälligen, dem unmittelbaren Sinneseindruck entsprungenen, provisorischen Wahrnehmungsdeutung krankt.

Nun können sich zwar durch die Wiederkehr bestimmter Sinneseindrücke und Wahrnehmungen, deren früheres Auftauchen vom Gedächtnis "erinnert" wird, Einschätzungen und Vor-Urteile verfestigen, wahr-scheinlicher werden, jedoch bleibt als einzige Sicherheit der Wahrheit nur das Denken:
Das Vergleichen von Gefundenem mit Gewußtem, die Überprüfung von Gedanken an anderen Gedanken. Dies ist im übrigen weder die Garantie der Wahrheit, der richtigen Erkenntnis, wie vielfältige Irrtümer im Umgang mit den Naturgesetzen belegen, noch die Verunmöglichung der Wahrheit: wie wäre sonst die Konstruktion einer Maschine denkbar, die ja nicht Werk eines Zufallsgenerators, sondern richtiges Umsetzen gefundener Naturgesetze ist.

1.5.3.1 Lernen als soziales Handeln

Denken und Handeln gehören zusammen ohne identisch zu sein. In jedem Tun steckt Wissen bzw. Geist. Die Qualität dieses Wissens wird sich immer an der Handlung zeigen. Ist das Wissen mangelhaft oder falsch, wird es in der Regel auch die Handlung sein. Deshalb sind die geistigen Voraussetzungen des Handelns zu verändern, will man das Handeln verändern. Wer "Praxis" verbessern will, muß zuvor sein Wissen, die "Theorie" verbessern.

Die Veränderung der geistigen Voraussetzungen der Handlung kann durch Lernen erfolgen, d.h. durch Übernehmen fremden Wissens. Diese Wissens-"Aneignung" kann man als "soziales

Handeln" bezeichnen, indem der einzelne Mensch gleich nach der Geburt beginnt die natürlichen Grenzen seiner geistigen Möglichkeiten zu überschreiten und damit einen "geistigen Horizont" erwirbt, der über den Umfang seiner persönlichen Erfahrungen hinausreicht.

Dabei gibt es nun zwei Möglichkeiten zu lernen:
Einmal wird unmittelbar das vorgefundene Gedankengut übernommen und ohne Überprüfung seiner Richtigkeit "memoriert", d.h. in das Gedächtnis "eingepaukt" (beispielsweise beim Erlernen einer fremden Sprache).

Zum anderen gibt es das Lernen, welches die Lerngegenstände als bereits "Vorgedachte" einsichtsvoll nachvollzieht. Dieser denkende Nachvollzug von fremden Wissen verkürzt damit die Wissensgewinnung im Vergleich zu dessen selbständiger Erarbeitung.

1.5.3.2 Theorie und Praxis des Lernens

Lernen ist also Wissensaneignung, eine geistige Handlung und damit "Theorie". Der Behaviorismus dagegen betrachtet Lernen als "Verhaltensänderung", als vollzogene Praxis, die sich ignorant gegen den Inhalt des Lernens verhält. So sehr viele Handlungstheoretiker Gegner des Behaviorismus sind, so sehr sind sie aber auch Verfechter der "Praxis". Beliebtes Beispiel sind meist die sogenannten Fertigkeiten, wie der praktische Umgang mit Werkzeugen. Ist das Lernen einer solchen praktischen Fertigkeit das Gegenteil von Theorie? Hierzu schreibt Brammerts:
"Betrachten wir einen "praktischen" Lernvorgang näher. Wie wird ein Lehrling zum gelernten Handwerker? Nicht seine Hände lernen das Handwerk, denn sie - für sich genommen - können nichts lernen, wenngleich die Hände den Regeln des

Handwerks und den Erfordernissen der Gegenstände durchaus folgen müssen. Die handwerklichen Regeln, Verfahrensweisen usw. müssen <u>gewußt</u> werden, damit sich das Handeln nach ihnen richten kann. Die Fähigkeiten und Fertigkeiten im praktischen Umgang mit Dingen und Leuten werden als Wissen ("gewußt, wie...") aufgenommen, bevor sie praktisch in Handlungen umgesetzt werden können. Der Lernvorgang ist ein Denkvorgang - geistiges Handeln ist Voraussetzung des praktischen. Mündet Lernen in praktisches Einüben, so ist es doch Theorie insofern, als es Wissensaneignung über Möglichkeiten bzw. Formen der körperlichen Selbstbeherrschung und Aktionsfähigkeit bedeutet. Das Hinzutreten eines "ausprobierens" in der Praxis ändert an diesem Sachverhalt nichts." (Brammerts, Seite 123).

Ist das behavioristische Postulat des "trial and error" (Versuch und Irrtum) die Bestimmung des Lernens als Dressurakt, der dadurch zustande kommt, daß ein "Reiz" aus einem wirren Reaktionsreservoire die richtige herauspickt, indem er auf den Organismus "wirkt", so bedeutet Lernen als Wissensaneignung, daß im Probehandeln duchaus breites Wissen das bestimmende Merkmal ist, wenn auch falsches oder mangelhaftes. Jeder "Praxis" liegt also "Theorie" zugrunde. Und nicht "Praxis" oder "praktische Erfahrung" wirkt als "Reiz" zurück auf den Lerner, wie mitunter die Handlungstheorie das Lernen deutet, sondern jeder praktischen Handlung liegt eine Theorie zugrunde, wenn sie auch noch so falsch oder unvollständig sein mag.

1.5.3.3 Denken, Sprache, Handeln

"Die Sprache ist so alt wie das Bewußtsein - die Sprache <u>ist</u> das praktische, auch für andere Menschen existierende, also auch für mich selbst erst existierende wirkliche Bewußtsein...." (K. Marx in MEW Band 3, Seite 30).

Denken ohne Sprache scheint nicht möglich. Jeder Gedanke hat bereits sprachliche Form. Setzt sich Empfindung in einen Gedanken um, so wird aus einem wahrgenommenen Eindruck sprachliche Form. Denken setzt also die Existenz der Sprache voraus. Dabei vollzieht zwar der einzelne den Akt des Denkens und den des Sprechens, doch die Sprache, die er verwendet, besteht bereits unabhängig von ihm. Die Sprache ist also "gesellschaftliche Bedingung und Form des Denkens" (Brammerts, Seite 121).

Die Semantik, die Bedeutungswelt der Sprache, ist damit gesellschaftlich bestimmt.
"Somit ist die Wortbedeutung gleichzeitig ein sprachliches und ein intellektuelles Phänomen. Die Wortbedeutung ist nur insofern ein Phänomen des Denkens, als der Gedanke mit dem Wort verbunden und im Wort verkörpert ist - und umgekehrt: sie ist nur insofern ein Phänomen der Sprache, als die Sprache mit dem Gedanken verbunden und durch ihn erhellt ist. Sie ist ein Phänomen des sprachlichen Denkens oder der sinnvollen Sprache; sie ist die Einheit von Wort und Gedanke" (L. S. Wygotski, Denken und Sprechen; Seite 293).

Ist die Sprache konstituierendes Merkmal des Denkens - allerdings nicht deterministisch gedacht: Sprache ist Mittel und Form des Denkens und bestimmt dieses nicht inhaltlich - so ist die Rolle der Sprache im Lernprozeß genauer zu untersuchen. Dies wird im Zusammenhang mit der Darstellung des Trainingskurses "Qualifizierung an Industrierobotern" geschehen, an dessen Konzeption und Durchführung der Autor maßgeblich beteiligt war. Ebenso wird dort die praktische Anwendung der in diesem Kapitel getroffenen Erkenntnisse, Wissensaneignung als Lernen, Sprache als tragendes und unterstützendes Mittel, dokumentiert werden (vgl. Kap. 1.5.7).

1.5.3.4 Lernziele versus Lehrinhalte

Versteht man aus der obigen Darstellung Lernen als Aneignungsprozeß von Wissen, den Lernvorgang somit als bewußten Prozeß, so ist nicht die Betrachtung äußeren Verhaltens zweckmäßig, d.h. die Formulierung von Lernzielen als Verhaltensänderungen, sondern der Schwerpunkt der wissenschaftlichen Erkundung ist auf die nötigen Wissenbestandsteile, die Lehrziele in Gestalt von Lehrinhalten zu legen.

Ins Zentrum des Interesses rückt damit die Bestimmung von Lehrinhalten. Anfangs der Besprechung arbeitspädagogischer Konzepte war gerade diese Frage das Problem: Wie können Qualifikationsanforderungen ermittelt und sie in Lehrinhalte transformiert werden.

Als mögliche Instrumente zur Ableitung von "Bildungsinhalten" nennen Hermann/Laaf (1975):

- Arbeitsplatzanalyse
- "critical-incident-technique"
- Beobachtung spezifischer "kritischer" Verhaltensweisen, die relevant in Bezug auf ein allgemeines Ziel sind
- psychometrische Tests
- Prognoseverfahren
- Befragung von Bildungsinstitutionen und Arbeitgebern
- Interaktionsanalysen, Rollenanalysen, Toleranzuntersuchungen, Expertenbefragungen.

Als Vertiefung der so gewonnenen Ergebnisse wird weiterhin empfohlen

- die Analyse bisheriger Lehrpläne
- die Analyse didaktischer Werke
- die Analyse von Lehrbüchern.

Will man nun Qualifikationsanforderungen erfassen und diese dann in Lehrinhalte transformieren, so ist aus der Problematik quantitativer Verfahren der Arbeitsanalyse, wie sie in Kapitel 1.2 und 1.3 diskutiert wurde, insofern die Konsequenz zu ziehen, als den mehr qualitativen Aspekten in der Erfassung von Anforderungsprofilen und Qualifikationen in den jeweiligen Tätigkeiten der Vorzug zu geben ist. Die unterschiedlichen Instrumente und Herangehensweisen, wie sie im konkreten Fall des hier beschriebenen Projekts "QIR" verwendet wurden, sind dem Kapitel 3.4.1 zu entnehmen.

Die eigentliche kursspezifisch bewerkstelligte Transformation dieser so erfaßten Qualifikationsanforderungen in die Lehrinhalte bzw. den Lehrplan ist in Kapitel 4 dieser Arbeit näher ausgeführt.

Als Grundprinzip lag der Entwicklung der Lehrinhalte folgende Vorgehensweise zugrunde:

Mit Hilfe eines standardisierten Interviewleitfadens ("QAA", siehe Anm. 10) und eines Instrumentariums zur Kurzanalyse von verfahrens- und gerätebezogenen Anforderungen (siehe Anhang) wurden die Tätigkeiten im IR-System ermittelt und die zur Erfüllung dieser Tätigkeiten notwendigen Wissens- bzw. Kenntnisbereiche mit Hilfe der befragten Experten zugeordnet. Diese Zuordnung wurde weiterhin durch eine Dokumentenanalyse (Arbeitsplatzbeschreibungen, Ausbildungsverordnungen, Handbücher etc.) und zusätzlich durch eine "Selbstqualifizierung" der beteiligten Wissenschaftler abgesichert.

Die so erhaltenen "Lehrinhaltskataloge" (vgl. Kapitel 4.2.1) wurden dann in der praktischen Kursdurchführung "validiert" und zwar bezüglich der Kriterien des formalen Kurserfolgs (Lernerfolgskontrolle, Abschlußprüfung) und anhand persönlicher Einschätzungen der Kursteilnehmer während und nach dem Kurs. Die Ergebnisse daraus flossen dann in die Konzipierung und Durchführung des zweiten Modellkurses ein.

Die Beschreibung des QIR-Kurses im weiteren Verlauf dieser Arbeit bezieht sich auf den zweiten, "revidierten" Kurs.

1.5.4 Die Didaktik als Gegenstand wissenschaftlicher Forschung

Als weitere Konsequenz der Unterrichtsplanung (vgl. Kapitel 1.5.2) ist nach der Zielplanung, die didaktische Planung zu berücksichtigen. Der Begriff Didaktik läßt sich auf vier Grundbedeutungen zurückführen (Klafki, Rückriem, et al. Seite 64 ff):

1. Didaktik als "Wissenschaft vom Lehren und Lernen in allen Formen und auf allen Stufen".
   Unter diese sehr allgemein gehaltene Bestimmung sind die Lehrinhalte ebenso zu subsumieren (das "Was") wie die Verfahrensweisen, Methoden, Organisationsformen und Hilfsmittel im Zusammenhang mit dem Unterricht (das "Wie") (vgl. etwa Dolch, J.).

2. Didaktik als Theorie des Unterrichts.
   Dieser von der sogenannten Berliner Schule (vgl. Heimann, T., Gunter, O., Schulz, W., 1965) favorisierte Ansatz will eine Beschreibung aller am Unterrichtsgeschehen beteiligten Faktoren ermöglichen, um so zu

einer rationalen und kontrollierbaren Unterrichtsplanung und -gestaltung zu kommen. Es werden dabei sechs Kategorien, sogenannte Strukturmerkmale des Unterrichts unterschieden (Klafki, Rückriem et al Seite 65 f):

1. Die pädagogischen Intentionen oder Absichten
2. Die Themen des Unterrichts (Inhalte, Gegenstände)
3. Die Methoden und Verfahren zur Erfüllung der pädagogischen Intentionen
4. Die Medien oder Mittel als Hilfe zur Unterrichtsgestaltung (Bücher, Lehrprogramme, Filme, Overhead etc.)
5. Die "anthropogenen Voraussetzungen" bei Lehrer und Schüler (psychische und physische Leistungsfähigkeit, Lernvoraussetzungen)
6. Die "sozio-kulturellen Voraussetzungen" der jeweils lehrenden Institution.

3. Didaktik als übergreifender Bildungsbegriff.
Hier ist besonders der Curriculum-Begriff von Bedeutung. Curriculum umfaßt einerseits den Begriff "Lehrplan", also die systematisch festgelegten Lehrinhalte, als auch den gesellschaftlichen Definitionsprozeß solcher allgemeinen Lehrinhalte bzw. Bildungsinhalte (vgl. etwa Robinsohn, S.B., 1967 und Haller, H.D. in Diener, Füller et al., S. 238 ff.).

4. Didaktik als Theorie der Steuerung von Lehr- und Lernprozessen.
Lernen wird hier in Anlehnung an die Kybernetik als eine gesetzmäßig ablaufende Form der Aufnahme, Speicherung und Verarbeitung von Informationen aufgefaßt (vgl. etwa Frank, H. 1962).

Als "Didaktik" will der Autor im Folgenden verstanden wissen, die unter Gesichtspunkten der optimalen Lernbarkeit geordneten Lehrinhalte, zu deren Darbietung ein noch näher zu bezeichnendes Methodenrepertoire auszuwählen ist.
Didaktik ist also die systematische Konzeption und Durchführung des Lehr-(und damit auch Lern-)prozesses entlang festgelegter Lehrinhalte, unterstützt durch Lehrmethoden und Hilfsmittel.

Der mehr gesellschaftliche Prozeß des Curriculums bzw. die grundlegende Lehrintention bleibt insofern ausgeklammert, als diese im vorliegenden Fall mehr oder weniger durch die Förderempfehlung des Projekts gegeben war, nämlich mit der Höherqualifizierung von vorwiegend Un- und Angelernten deren Beschäftigungschancen auch unter Bedingungen von Rationalisierungen mit Hilfe neuer Technologien zu erhalten.

1.5.5 Pädagogische Methodik

Als letzte Konsequenz der Unterrichtsplanung nach Herrmann/Laaf (vgl. Kapitel 1.5.2) ist die Unterrichtsmethode zu berücksichten. Methode kann zunächst als "gedankliches Muster, das durch das praktische methodische Vorgehen im Unterricht realisiert wird" (Vogel, A.) verstanden werden.

Der Einsatz und die Bestimmung von Methoden läßt sich nach folgenden Gesichtspunkten gliedern:

1. Nach der Funktion
   - Einführung in eine neues Sachgebiet
   - Erarbeitung des Lerngegenstands
   - Festigung und Sicherung des Gelernten
   - Prüfung und Lernkontrolle der Ergebnisse.

2. Nach der Verwendung von Medien und Hilfsmitteln
   - Arbeit mit dem Buch und/oder mit Arbeitsblättern etc.
   - Arbeit an der Tafel bzw. dem Overhead-Projektor
   - Arbeit mit Geräten und Modellen
   - Arbeit mit programmierten Materialien, Lernmaschinen etc.

3. Nach methodischen Grundformen im engeren Sinne:
   - analytisch-synthetische Methode
   - Induktion und Deduktion
   - historisierende Methode
   - genetische (entwickelnde) Methode
   - abstrahierende oder konkretisierende Methode
   - die "forschenden Methoden" (z.B. Problemlösung)

Alle 3 Gesichtspunkte sind nun für die Anwendung in dem Zusammenhang des beschriebenen Kurskonzepts zweckmäßig.

Die Anwendung der hier beschriebenen Methodik im Kurs "QIR" ist im Kapitel 4 zu finden. Als spezielle pädagogische Methode sind schließlich noch spezifische Trainingsverfahren zu erwähnen, wie sie insbesondere in der Sowjetunion unter Galperin entwickelt wurden. Im folgenden wird das Lernmodell Galperins, die "etappenweise Herausbildung geistiger Operationen", Diskussionsgegenstand sein.

1.5.6 Das Galperin'sche Modell der "etappenweisen Herausbildung geistiger Operationen"

Galperin und seine Schüler unterscheiden in der Handlung zwei Teile: den orientierenden und den ausführenden Handlungsteil. Der orientierende Handlungsteil hat die Funktion eines Steuerungsmechanismus des Handlungsprozesses "in der äußeren Umwelt", der sich auf die (widergespiegelten) Abbilder stützt.

Hingegen besorgt der "ausführende Handlungsteil" die "reale zielgerichtete Umformung des Ausgangsmaterials oder des Ausgangszustandes" (Galperin, P.J. In: Budilowa, et al 1983 Seite 92).

Die beiden "Handlungsteile" wirken so zusammen, daß die ausführenden Handlungen "im Verlauf ihrer Ausführung mit Hilfe der Extrapolation dieser Abbilder und durch Angleichen an sie reguliert werden". (a.a.O. Seite 92).

Diese Angleichung bzw. Regulation geschieht durch eine Bekräftigung oder Korrektur nach der "Extrapolation im Abbildprozeß". Anstelle des "Stimulus" im S-R-Schema der Behavioristen läßt Galperin die "Bedingung der Handlung" treten. Diese Bedingungen für das Handeln werden "in einzelnen Stufen, in denen das gegenständliche Handeln nacheinander umgestaltet wird und in denen es unterschiedliche Eigenschaften erwirbt" (a.a.O. Seite 93) geschaffen:

"In der Lehre von der etappenweisen Ausbildung geistiger Handlungen werden diese Bedingungen, die aufeinander folgenden Formen und die Unterschiede der Handlungen beschrieben". (a.a.O. Seite 93)

Diese Handlungsphasen gliedern sich nun wie folgt:

A <u>Schaffung einer Orientierungsgrundlage</u>

Neben einer vorläufigen Vorstellung von der Aufgabe und dem Handlungsverlauf wird die Orientierungsgrundlage durch ein "System der Merkmale des neuen Stoffs und der darin enthaltenen Merkzeichen, nach denen sich die gegenständliche Handlung richtig vollziehen läßt" geschaffen (Galperin P.J.; Leont'ew, A.N., 1974 Seite 37 f.).

B Der eigentliche Handlungsverlauf (Arbeitshandlung)

Auf dieser Stufe eröffnen sich nun weitere Etappen:

1. Die materialisierte Handlung
   "Bei dieser Form werden nur einige Eigenschaften der Objekte, und zwar diejenigen, die für den Handlungsvollzug wesentlich sind, in materialisierter Form gegeben (kopiert, dargestellt, aufgeschrieben oder in irgendeinem gegenständlichen Modell abgebildet)" (a.a.O. Seite 37).

   Nach Galperin können nur durch diese Art des Materialisierens gedachte Eigenschaften und Beziehungen von Gegenständen, "die uns in ihrer wirklichen materiellen Form nicht unmittelbar zugänglich sind" (etwa algebraische Größen) wahrgenommen werden. Die Aneignung eines Neuen (einer neuen geistigen Handlung) können nur auf der Grundlage seiner materiellen oder materialisierten Form geschehen. Ein weiterer Schritt in dieser Etappe ist die Entfaltung (Aufgliederung in einzelne Operationen, die vom Lerner nachvollziehbar sind) und die Verallgemeinerung der Handlung (Hervorhebung der Eigenschaften der Dinge, die Anwendungsobjekt der Handlung sind). Mit diesen beiden Mitteln soll dem Lerner dazu verholfen werden, "den objektiven Zusammenhang zwischen den Eigenschaften des Gegenstands und den Mitteln der Handlung zu erblicken" (a.a.O. Seite 38).

2. Übertragung der materialisierten Handlung auf die "Ebene der äußeren Sprache".
   Erst mit der äußeren Sprache wird der gegenständliche Inhalt der Handlung "Besitz des Bewußtseins, während er vorher nur als Inhalt eines materiellen äußeren Prozesses erschlossen wurde" (a.a.O. Seite 39).

   Mit der "Widerspiegelung" des Inhalts in "Wortbedeutungen" wird der gegenständliche Inhalt zum Gedanken, zum Inhalt des Denkens, wobei sich dem Subjekt der Inhalt jedoch nicht als Gedanke, "sondern als sprachlich ausgelöste Vorstellung" vom gegenständlichen Inhalt der Handlung darbietet. Der zu vermittelnde Inhalt wird über das Mittel Sprache damit erst "kommunikabel".

3. Übergang auf die Ebene der "äußeren Sprache für sich".
   Sprache verändert sich hier vom "Kommunikationsmittel" zum "Mittel des Denkens". Der Inhalt des Gedankens wird so Bestandteil des Denkprozesses.

4. Die Etappe der "inneren Sprache".
   Der eigentliche sprachliche Prozeß ist nicht mehr Gegenstand des Bewußtseins. Somit tritt der gegenständliche Inhalt ohne sichtbare Verbindung mit dem sprachlichen Prozeß hervor. Dem Subjekt offenbart sich der gegenständliche Inhalt der Handlung in einer Form "die frei vom unmittelbaren sinnlichen Inhalt ist" (a.a.O. Seite 41). Nach Galperin kommt so die "Illusion vom sogenannten 'reinen Gedanken' auf" (a.a.O. Seite 41).

C Kontrollhandlung

Nach Galperin muß nun jede menschliche Handlung, die sich nach einem inneren Modell bildet, nicht nur vollzogen, sondern auch überprüft werden. Der Vergleich mit dem inneren Modell wird zunehmend zu einer "ideellen Handlung", d.h. die Ergebnisse der Kontrollhandlung "existieren dann nur (noch) in der 'Vorstellung' " (a.a.O. Seite 42). Ergebnis dieses Prozesses der etappenweisen Aneignung geistiger Handlungen ist nach Galperin folgendes:

"Ist der Prozeß der geistigen Handlung angeeignet und läuft er automatisch ab, dann wird uns nur sein Ergebnis - der gegenständliche Inhalt der Handlung - bewußt. Die spezifische Form - die sprachliche Bedeutung - indessen, in der dieser Inhalt gegeben wird, offenbart sich uns als sprachliche Erscheinung nicht. Geistig sehen wir daher nur den gegenständlichen Inhalt der Handlung, aber nicht die Handlung selbst, die diesen Inhalt realisiert" (a.a.O Seite 44).

1.5.7 Anwendungsmöglichkeiten des Galperin'schen Modells

Die Theorie Galperin's ist Bestandteil der Tätigkeitspsychologie wie sie im Kapitel 1.3 charakterisiert wurde. Es ist die deterministische Tendenz festzustellen, den Menschen als etwas "zu regulierendes" zu bestimmen. Diese Regulationsinstanz ist neben dem bereits bekannten "Abbild" bei Galperin nun die "Bedingung":
"Die Handlung geht nicht aus der Verbindung bestimmter Stimuli und früherer Erfahrungen hervor, sondern ist ein objektiv aufgegebener Prozeß, der einen äußeren Plan und bestimmte Bedingungen voraussetzt" (Budilowa et al., 1973, Seite 94).

Anstelle des behavioristischen Stimulus ist nun die "Bedingung" getreten. Die Bedingung wird zum Grund und bestimmt die Handlung, auch und gerade die "Denk-Handlung":

"Es geht also darum, nicht von den Bedingungen zu den Handlungen, sondern von der geforderten Handlung zu den Bedingungen zu gelangen, die deren Entwicklung g a r a n t i e r e n "(a.a.O. Seite 94, Hervorhebung vom Verfasser).

Ein weiterer Kritikpunkt ist die Bestimmung des Denkens bei Galperin.

Sehr mechanistisch wird ein Weg von "außen" nach "innen" postuliert:

"Beim Übergang des gegenständlichen Handelns aus dem Bereich des materiellen in den des Ideelen" (a.a.O. Seite 94), wobei vernachlässigt wird, daß jeder Handlung bereits Denken zugrunde liegt (vgl. Kap. 1.6), ohne über die Qualität des Denkens etwas ausgesagt zu haben.

Letztendlich ist Denken nur noch Sprache:

"Das Denken, das so viele Fragen aufgeworfen hat, stellt demnach eine Resterscheinung der sprachlichen Form, der verkürzten und automatisierten Handlung dar, dessen ursprünglicher Gehalt nur noch in sprachlicher Bedeutung vorliegt" (a.a.O. Seite 98).
Zwar findet Wissen seine formelle Gestalt durchaus in der Sprache, jedoch ist es verfehlt dieser formellen Gestalt das zuzuschreiben, was Tätigkeit des Verstandes ist, nämlich Subjekt des Denkens zu sein.

Der Zusammenhang Denken, Sprache, Wissen, der von Galperin aufgemacht wird, ist allerdings ein fruchtbarer Ansatzpunkt in der Konzeption von Lernprozessen (vgl. Kapitel 1.6.3).

Der Laut kann nicht von seiner Bedeutung abgetrennt werden. Das Wort ist die Einheit von Form und Bedeutung. Die Bedeutung eines Gegenstandes zu kennen heißt, von seiner <u>unmittelbaren</u> Besonderheit abstrahiert zu haben, wobei damit die <u>Vorstellung</u> vom Gegenstand zugunsten des <u>Wissens</u> über ihn gewichen ist.

Abstraktion heißt in diesem Zusammenhang eine Vergleichsleistung des Subjekts, welche Identität und Unterschiede der Gegenstände untereinander festhält.

Man kann also die Hypothese aufstellen, daß sich das Wissen über einen Gegenstand am Wort bzw. am Bild festmacht, es also eine Zeichengestalt existieren muß, an dem das Wissen geknüpft werden kann. Somit wird gerade die Rolle des Worts, der Sprache oder auch einer bildlichen Vorstellung wichtiger Bestandteil des Lernprozesses.

Was Galperin als etappenweise Bildung der geistigen Handlung von der "materialisierten" Handlung bis hin zur "inneren Sprache" beschreibt, ist letztlich nichts anderes als die Bildung des Denkens - bezogen auf dessen Inhalt!- also des Wissens <u>durch</u> das Medium des Bildes und des Worts. Insofern hat Galperins Beispiel der bildlichen Darstellung einer algebraischen Funktion durchaus eine wichtige Funktion im Prozeß der Bildung des Denkens (7).

Allerdings ist das laute Sprechen eines unbegriffenen Satzes keine Gewähr dahingehend das, dem Satz bezeichnet wird auch zu begreifen. Der von Galperin erwähnten Orientierungsgrundlage als Orientierung über den Gegenstand, die Aufgabe oder das Problem mit Hilfe sogenannter Merkzeichen, muß somit ein weit größeres Gewicht zukommen, als dies Galperin tut. Dies deckt sich im übrigen auch mit den Erfahrungen des Modellkurses, wo der Einsatz der Sprache als Hilfsmittel des Lernens entweder bei eher sensumotorischen Anforderungen als begleitendes und einprägendes Mittel (z.B. das korrekte Verfahren des Industrieroboters in seinen Achsen X, Y, Z etc.) sich als zweckmäßig erwies (Sprache als Anreiz des lauten Denkens und somit als Anreiz zum systematischen Denken überhaupt!) oder aber Sprache war das Mittel, sich dargebotenes Wissen anzueignen, zu verstehen. Begreifen ist aber ein Prozeß des Verstandes, mit dem das Subjekt die dargebotenen Gesetzmäßigkeiten denkend nachvollzieht, sie als verschieden vom anderen begreift, also abstrahiert, um dann vom Begriff des Gegenstands zu wissen.

Allerdings hat der Lerner bzw. der Denker damit noch nicht gelernt: Lernen ist dann der Schritt das teilweise Begriffene immer wieder zu wiederholen, sich von anderen Gesichtspunkten das Begriffene immer wieder von neuem zu vergegenwärtigen und einzuprägen. Hierbei findet die Sprache als Trägerin des Wissens ihre entscheidende Rolle. Besonders dann, wenn sogenannte Lernungewohnte, was eigentlich heißen müßte des systematischen, herleitenden Denkens nicht Mächtige, über die Aufforderung das Tun und Überlegen sprechend zu begleiten, einen gewissen Zwang ausgesetzt werden, die angebotenen Algorithmen zur Lösung von Aufgaben bzw. zum Begreifen von Dingen zu nutzen.

Im Laufe des Kurses konnte mit Hilfe des begleitenden Sprechens oder "Verbalisierens" tatsächlich eine Änderung des Lern- bzw. Denkstils herbeigeführt werden, nämlich vom anfänglichen Probieren ("trial and error") hin zum antizipativem Handeln (vgl. hierzu Kap. 5).

Nächster wichtiger Schritt in der Installierung eines solchen Lernprozesses ist die Produktion von Algorithmen in Gestalt methodisch reflektierter Wissensangebote und Lernanreize. Die methodische Reflektion muß sich dabei - zumindest bei der Etablierung einer Schulung, die sich den Gegenstand neu wählt und nicht auf schon durchdachtes zurückgreifen kann - bis auf Teile einzelner Lehreinheiten, Lektionen und Stunden beziehen, was der Form nach durchaus Ähnlichkeit mit dem sogenannten Micro-teaching hat (13).

Mit dem Lernfortschritt der Teilnehmer, ihrem vergrößerten Wissensstand, verschwindet dann aber nach und nach die Notwendigkeit eng gesetzter Algorithmen. Die Anknüpfungspunkte im dann bereits bestehenden Wissen des Teilnehmers mehren sich, der Unterricht tendiert dann vom "fremdgesteuerten" zum "selbststeuernden" Lehrstil bzw. Lernstil (14).

Um den eigentlichen Gegenstand, den intendierten Inhalt der dargestellten Lernkonzeptionen, den Industrieroboter und seine korrekte Handhabung, etwas deutlicher werden zu lassen, folgt im nächsten Kapitel eine kurzgefaßte Beschreibung der wichtigsten technischen Bestandteile eines Industrieroboter-Systems.

Nach dem Richtlinienvorschlag VDI 2860 sind Industrie-Roboter (IR) "universell einsetzbare Bewegungsautomaten mit mehreren Achsen, deren Bewegungen hinsichtlich Bewegungsfolge und Wegen frei programmierbar, d.h. ohne mechanischen Eingriff veränderbar sind." (VDI-Z 125, 1983, Nr. 5, Heinz, K.; Salwiczek, P., Seite 159).

Damit unterscheiden sich so definierte Industrie-Roboter von schon seit längerem bekannten festprogrammierten Einlegegeräten und Manipulatoren, die entweder ferngesteuert sind (Teleoperaten) oder die menschliche Bewegungen in gleicher oder verkleinerter geometrischer Abmessung "imitieren" (Master-slave-System).

Das Gesamtsystem eines Industrie-Roboters setzt sich aus mehreren funktionellen Teilsystemen zusammen, die miteinander in Wechselwirkung stehen.
"Die Teilsysteme haben die Aufgabe der Ausführung von Handhabungsprozessen und der Synchronisation der Einzelprozesse zu einer Gesamtoperation." (a.a.O. Seite 109)

Als solche Teilsysteme lassen sich unterscheiden:

- Kinematik
- Effektoren
- Antrieb
- Steuerung
- Sensoren
- Programmiersystem

Schließlich gehört zum Gesamtsystem eines Industrie-Roboters auch seine Peripherie, die entweder aus Spannvorrichtungen zur Werkstückbearbeitung durch den Roboter bestehen

oder aus in das IR-System integrierte Bearbeitungsmaschinen (z.B. CNC-Maschinen), die vom Roboter versorgt werden (z.B. Handling).
Zusätzlich sind mitunter verfahrensspezifische Peripherieanlagen, wie z.B. beim Bahnschweißen die Schweißstromquelle vonnöten.

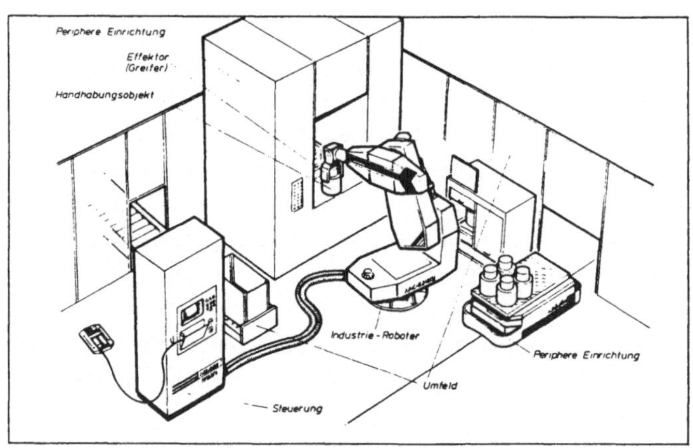

Bild 2.1: IR-Peripherie (Quelle: Fa. Jungheinrich, Hamburg)

2.1 Kinematik

Soll ein Objekt von einem Raumpunkt zu einem anderen gebracht werden, so sind drei Freiheitsgrade bzw. drei Hauptachsen eines frei programmierbaren Handhabungsgerätes notwendig, die den Arbeitsraum des Industrie-Roboters definieren.
Soll das Objekt in den einzelnen Raumpunkten unterschiedliche Lageorientierungen einnehmen, werden drei weitere Freiheitsgrade bzw. drei Nebenachsen erforderlich. Die Überführung der sechs Freiheitsgrade in das Bezugssystem geschieht durch drei Verschiebungen (X, Y, Z) und drei Drehungen (A, B, C).

Bild 2.2 faßt die kinematischen Möglichkeiten zusammen.

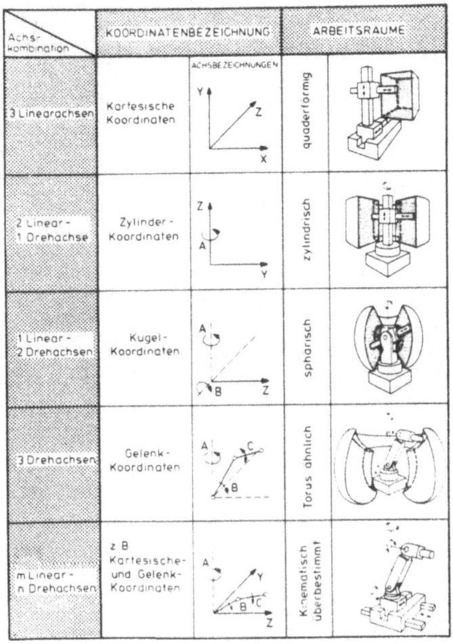

Achs-kombination	KOORDINATENBEZEICHNUNG	ACHSBEZEICHNUNGEN	ARBEITSRAUME	
3 Linearachsen	Kartesische Koordinaten	Y, Z, X	quaderförmig	
2 Linear- 1 Drehachse	Zylinder-Koordinaten	Z, A, Y	zylindrisch	
1 Linear- 2 Drehachsen	Kugel-Koordinaten	A, B, Z	sphärisch	
3 Drehachsen	Gelenk-Koordinaten	A, C, B	Torus ähnlich	
m Linear- n Drehachsen	z B Kartesische- und Gelenk-Koordinaten	A, Y, B, C, Z	Kinematisch überbestimmt	

Bild 2.2: Kinematische Möglichkeiten bei IR (Quelle: Spur, Auer, Sinning, S. 18 1979)

2.2 Effektoren

Nach Blume et al sind Effektoren "in sich geschlossene Baueinheiten und dienen als Schnittstellen zwischen Handhabungsgerät und Handhabungsobjekt" (a.a.O. Seite 161).

Effektoren sind je nach Einsatzverfahren des IR:

- Greifer
- Schweißzangen
- Lötpistolen
- Sprühpistolen
- Schweißbrenner und
- sonstige Spezialwerkzeuge.

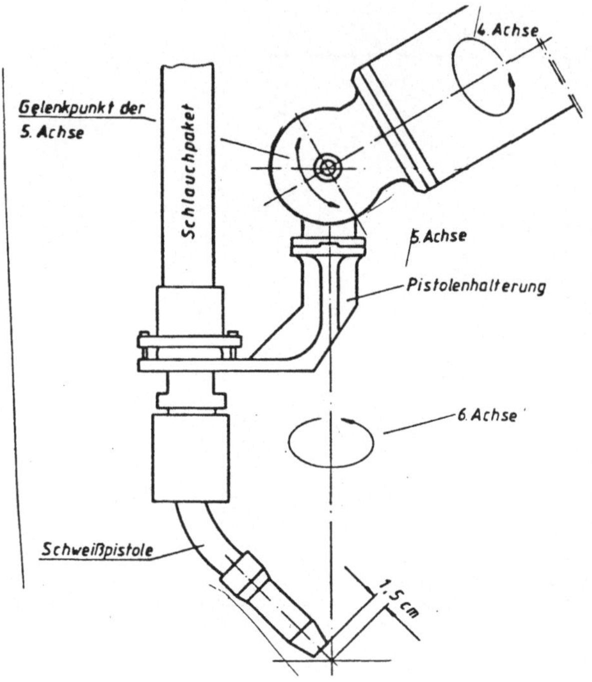

Bild 2.3: Beispiel einer Schweißpistole

2.3 Sensoren

Um den Zustand des Handhabungsgeräts, wie etwa Position oder Geschwindigkeit zu erfassen, sind innere Sensoren (z.B. Lage- und Kräftesensoren) erforderlich. Die Erfassung von Umweltinformationen macht externe Sensoren wie Berührungs-, Näherungs-, oder Sichtsensoren notwendig. Das bekannteste Beispiel eines Sichtsensores ist eine Kamera, die den Arbeitsablauf überwacht.

2.4 Steuerung

Die Steuerung eines Industrie-Roboters hat die Aufgabe, "die zeitliche Folge von Handhabungssequenzen nach einem vorgegebenen Programm zu definieren und alle Abläufe in der Prozeßperipherie zu synchronisieren." (a.a.O. 164).

Industrie-Roboter-Steuerungen werden in

- Punkt zu Punkt Steuerungen (PTP = "point to point")
- Vielpunkt-Steuerungen (MP = "Multipoint") und
- Bahnsteuerung (CP = "continuous path")

eingeteilt.

Bei der PTP-Steuerung erfolgt das gleichzeitige Verfahren aller Achsen ohne Funktionszusammenhang zwischen den Achsbewegungen. Dabei ist die Effektorbahn nicht bekannt und verändert sich mit unterschiedlichen Achsgeschwindigkeiten. Die PTP-Steuerung findet vor allem in den Einsatzgebieten Handling und Punktschweißen ihre Anwendung.

Bei der MP-Steuerung zeichnet sich die Bahn durch eine Vielzahl von programmierten Stützpunkten aus, womit eine angenäherte Bahnsteuerung erreicht wird.

Bei der CP-Steuerung schließlich bewegen sich die Verfahrachsen nach einem vorgegebenen funktionellen Zusammenhang, so daß ein ausgewählter Werkzeugpunkt mit konstanter Geschwindigkeit und die Werkzeugachse mit einer bestimmten Orientierung die Bahn verfolgt. Die wichigsten Einsatzfälle sind hier beim Bahnschweißen (Lichtbogenschweißen), Entgraten, Lackieren und Beschichten zu finden.

2.5 Programmierung

Grundsätzlich lassen sich als Programmieren alle Tätigkeiten bezeichnen, durch die ein Bediener der Industrie-Roboter-Steuerung "mitteilt", welche Operationen sie auszuführen hat.

Neben dem sogenannten manuellen Programmieren (es werden von Hand die einzelnen Haltepunkte jeder Achse physikalisch fixiert), wozu kein Rechner erforderlich ist, unterscheidet man gewöhnlich drei Hauptarten des Programmierens:

- play-back-Programmierung
- teach-in-Programmierung oder auch Tastenprogrammierung
- textuelle Programmierung

2.5.1 Play-back-Programmierung

Hier bewegt der Bediener von Hand den Industrie-Roboter auf der gewünschten Bahn. Dabei werden alle Bewegungspunkte etwa durch Lochstreifen oder Magnetband gespeichert. Danach wird die gesamte Bewegung automatisch, mit höherer Geschwindigkeit wiederholt.

Neben einfachen Bedienoperationen (Einschalten, Ausschalten, Programmierbetrieb ein, Automatik) wird vom Bediener verlangt, seine Fertigkeit, die er etwa für das manuelle Farbspritzen erworben hat dem eher unflüssig und mit großem Kraftaufwand zu bewegenden Industrie-Roboter "mitzuteilen".

Programmierverfahren \ Einsatzgebiete für		Fertigungsbereich									nicht determinierte Abläufe			
		Maschinenbeschickung	Mehrmaschinenbeschickung	Flexible Fertigungszelle	Beschichten	Palettieren	Punktschweißen	Schmelzschweißen	Fügen	Flexible Montagezelle	Kollisionen	Feinbewegungen	nicht determinierte Positionen	Inspektion u. Fehlerbearbeitung
Vorfuhren	Akustische Verfahren	–	–	–	–	–	–	–	–	–	–	–	◑	–
	Optische Verfahren	–	–	–	–	–	–	–	–	–	◑	–	–	–
	Abfahren einer Bahn	–	–	–	●	–	–	●	–	–	◑	–	–	–
	Anfahren und speichern	●	◑	–	◑	◑	●	◑	–	–	◑	●	–	–
	Tastatur- oder Steckereingabe	●	◑	◑	–	●	◑	–	◑	◑	–	●	◑	◑
	Mechanische Speicher	●	◑	–	–	–	–	–	◑	–	–	●	–	–
Aufgabenbeschreibung	Hybride Programm.	●	●	●	◑	◑	–	–	●	●	◑	●	◑	●
	Steuerungsnahe Codierung	●	●	●	–	●	–	–	◑	◑	–	●	◑	●
	Problemorientierte Sprache	●	●	●	–	●	–	–	◑	◑	◑	●	◑	●
	Höhere Sprache	●	●	●	–	●	–	◑	◑	◑	◑	●	◑	●

Verfahren:
– nicht zu empfehlen ◑ bedingt zu empfehlen ● empfehlenswert

Bild 2.4: Einsatzgebiete unterschiedlicher Programmierarten (Quelle: Spur, Auer, Sinning, S. 78, 1979)

2.5.2 Teach-in-Programmierung

Bei dieser auch als "Tastenprogrammierung" oder "lead--through-Programming" bekannten Programmierart wird die jeweilige Position und Orientierung bzw. der jeweilige Punkt mit Hilfe einer Schalteinrichtung angesteuert. Diese Schalteinrichtung, auch "Handprogrammiergerät", "Programmierhandgerät", "teach-box", "teach-unit" und ähnliches genannt, hat Schalter bzw. Tasten für die jeweils einzugebenden Informationen und Befehle, über Bewegungsrichtungen, Drehungen, Gelenke und Bedingungen ("Adressen", "Argumente") wie Zeitpunkte, Geschwindigkeiten etc.

Nach Erreichen des gewünschten Punktes wird mit einer Speichertaste Lage, Orientierung und eventuell bereits Bedingungen dieses Punktes abgespeichert.

Der Aufbau dieser Schalteinrichungen ist je nach Hersteller sehr unterschiedlich. Jedoch lassen sich zwei grobe Unterscheidungen erkennen:

Einmal Tastengeräte, die von der CNC-Technik kommend, jeder Funktion eine Taste zuordnen.

Zum anderen setzen sich in dieser Technik immer mehr Geräte mit sogenannter Menü-Steuerung, zum Teil mit Bedienerführung durch. Hier ist die Tastenanzahl drastisch verringert, dafür wird der Bediener über Displayzeilen oder kleinere Bildschirme durch die Programmierung geführt, indem ihm meist in Klarschrift die nächsten Programmierschritte vorgegeben werden.

Bild 2.5: Beispiel eines Programmierhandgerätes

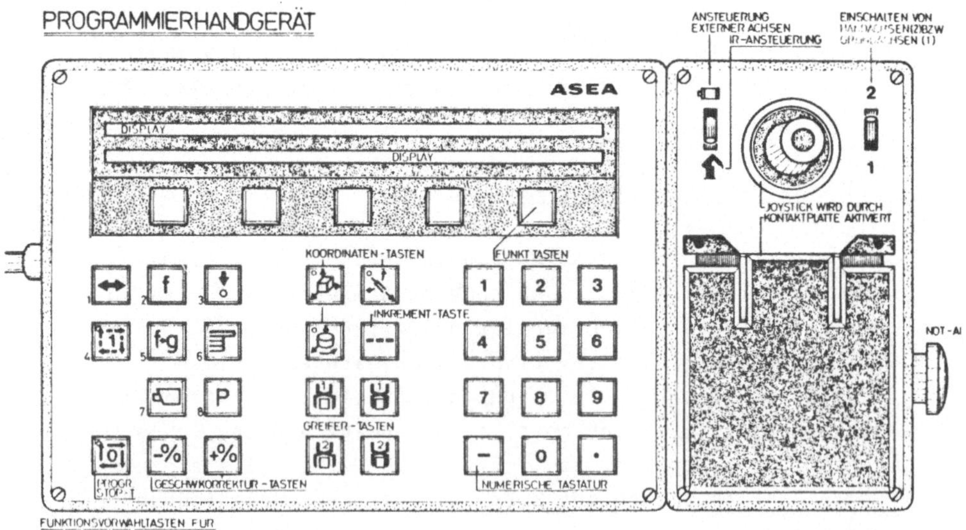

2.5.3 Textuelle Programmierung

Textuelle Programmierung läßt sich als symbolische Beschreibung von Operationen und Daten, die in Form von Zeichenfolgen angegeben werden, definieren. Das Eingabemedium ist meist eine Art von Schreibmaschinentastatur, welche mit einem Bildschirm verbunden ist, auf dem die eingegebenen Daten sichtbar sind.

Die Definition der Bewegungspunkte geschieht jedoch auch hier meist über eine Schalteinrichtung, wie sie bei der teach-in-Programmierung beschrieben wurde, da die Definition geometrischer Angaben ansonsten entweder durch ein (ungenaues) räumliches abschätzen oder ein zeitraubendes Messen der Position durch den Programmierer erfolgen müßte. Bei Programmoptimierungen mit bekannten Punktentfernungen bzw. -abmessungen muß der Roboterarm jedoch nicht mehr zum jeweiligen Punkt gebracht werden, sondern die Eingabe der absoluten Parameter erfolgt über den Terminal.

Die Kenntnis der jeweiligen Programmiersprache ist hier unabdingbar für die korrekte Bedienung dieser Industrieroboter-Systeme.

Die mit der textuellen Programmierung gegebene Möglichkeit der sogenannten off-line-Programmierung von Programmen am Bildschirm außerhalb der Werkstatt eröffnet in Zukunft eine effektivere Nutzung von Industrie-Robotern, da zur Programmerstellung nicht die momentan ablaufende "Tätigkeit" des Industrie-Roboters unterbrochen werden muß. Jedoch würde eine solche off-line-Programmierung eine bildschirmmäßige Abbildung des Roboters inclusive seiner Peripherie mit der Möglichkeit der Simulation seiner Bewegungen erfordern. Zwar sind solche Art von off-line-Programmierungen mit Simulationsmöglichkeit in diversen Forschungsinstituten entwickelt, sind aber hinsichtlich technischer Ausgereiftheit und momentaner Produktionskosten solcher Geräte für absehbare Zeit noch nicht zum Einsatz in der Praxis, d.h. in den Industriebetrieben vorgesehen.

Bild 2.6: Prinzipieller Aufbau einer Steuerung für Handhabungseinrichtungen
(Quelle: Spur, Auer, Sinning, S. 36, 1978)

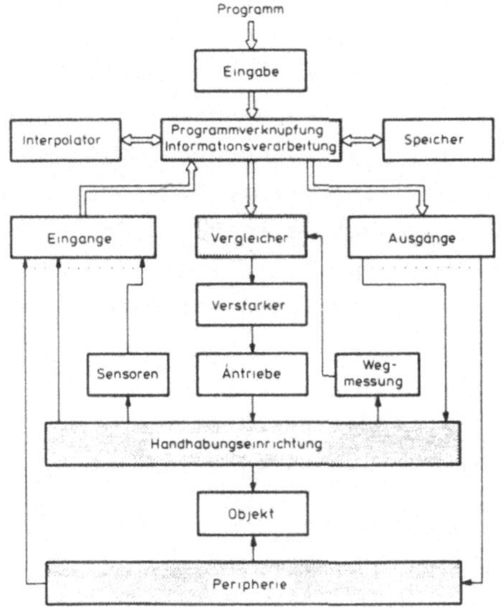

3 Qualifizierung an Industrierobotern - Skizzierung des Umfeldes

3.1 Der gegenwärtige "Qualifizierungsmarkt"

3.1.1 Qualifizierung durch die Industrieroboter-Hersteller

Qualifizierung an Industrierobotern findet in der Bundesrepublik derzeit vorwiegend über die Hersteller von Industrierobotern statt.
Aus der Entstehungsgeschichte dieser Unternehmen - zumeist kamen diese aus den Bereichen Maschinenbau und Elektronik - war auch die Herangehensweise an die Entwicklung von Industrierobotern geprägt vom Interesse einer optimalen Konstruktion der Hard- und Software. Die meisten hierfür beschäftigten Fachleute sind somit Maschinenbau- und Elektrotechnik-Ingenieure, Elektrotechniker, Software-Ingenieure und Informatiker.
Mit der Kundenschulung, die meist kurz vor oder nach dem Erwerb eines Industrieroboters durch das jeweilige Anwender-Unternehmen angesetzt wird, wurden und werden immer noch überwiegend Fachleute aus den genannten Qualifikations- und Ausbildungsbereich betraut.

Im Rahmen der Vorphase des Projekts "Qualifizierung an IR" wurden 10 Fallstudien in IR-hersteller- und branchenmäßig unterschiedlichen IR-Anwendungsbetrieben durchgeführt. Diese Fallstudien fanden zumeist in Gestalt von Expertengesprächen statt, wobei die etwa 30 Experten jeweils unterschiedliche Positionen im jeweiligen Unternehmen einnahmen - von IR-Trainern über IR-Bediener hin zu Vertriebs-, Service- und Produktionsleitern. Diese Fallstudien sind ausführlich im Zwischenbericht zur Vorphase

"QIR" des im Vorwort angegebenen Projekts somit Fördernummer/BMFT nachzulesen.

Diese Fallstudien hatten u.a. als Ergebnis, daß die Schulungen von seiten der IR-Hersteller in ihrer Konzeption weder pädagogisch durchdrungen waren noch die Durchführung systematisch nach den Anforderungen einer hinsichtlich Qualifikation und Stellung im Betrieb heterogenen Zielgruppe ausgerichtet war.

Diese - von seiten der Hersteller durchaus als Problem erkannte - Situation führt immer wieder zu negativen Auswirkungen auf zwei Bereichen:

1. Auf seiten der an der Schulung teilgenommenen Arbeitnehmer führt die mangelnde Aneignung praxisrelevanten Wissens zu

   - unzulänglichem, d.h. wenig durchdachtem Umgang mit dem Industrieroboter, was zu
   - erheblichen Problemen im Bedienen des Industrieroboters unter der Anforderung eines optimalen Industrieroboter-Einsatzes (Taktzeit, Auslastungsgrad) führt;
   - die Folge sind die Delegation ungelöster Probleme an den Herstellerservice auch nach der geplanten Einarbeitungszeit,
   - was zu Streßsymptomen auf seiten des Industrieroboter-Bedieners und zu verschlechterter Durchsetzungsmöglichkeit der formell erworbenen Qualifikation in tariflicher Hinsicht führt.

2. Auf seiten des Anwenderunternehmens sind die Folgen

   - suboptimale Ausnutzung des Industrieroboters während und nach der Einarbeitungszeit des Bedieners, dadurch

- mangelnde Durchsetzung des mit dem IR-Einsatz erhofften Rationalisierungseffekts
- teuere und aufwendige Inanspruchnahme des Herstellerservices.

3.1.2 Qualifizierung durch den IR-Anwender selbst

Vor allem in Großunternehmen, die einen Masseneinsatz von Industrieroboter zu verzeichnen haben, wurde inzwischen dazu übergegangen, eine Qualifizierung an IR in die hauseigene, innerbetriebliche Ausbildung zu integrieren. Dabei werden zumeist höher qualifizierte Mitarbeiter der Ausbildungsabteilung zum IR-Hersteller zur Schulung geschickt. Anschließend vermittelt die so qualifizierte Person die notwendigen Kenntnisse im eigenen Betrieb weiter.
Wenn hier auch der Vorteil einer wegen dessen besserer qualifikatorischer Ausgangsposition evtl. effektiveren Qualifizierung des Firmenvertreters gegeben war, so verlagerte sich das Problem der zielgruppenspezifischen Vermittlung meist nur in den Anwenderbetrieb. Dort ist zwar eine praxisbezogene, d.h. auf die Betriebsspezifika des IR-Einsatzes gerichtete, Qualifizierung möglich, Lücken in pädagogisch-systematischer Hinsicht tun sich jedoch in gleicher Weise auf, wie bei den IR-Hersteller-Qualifizierungen.

3.1.3 Konsequenzen

Die Ergebnisse dieser Erhebungen und zahlreiche andere Expertengespräche führten schließlich dazu, daß sich das Bundesministerium für Forschung und Technologie (BMFT) unter der Federführung des Projektträger Humanisierung des Arbeitslebens entschloß, ein Forschungsvorhaben zu fördern, das in einem Verbund von Forschung und Industrie die

Konzeption und Durchführung eines Modellkurses "Qualifizierung an Industrierobotern" zum Inhalt hatte, an dessen Erarbeitung und Vermittlung der Autor maßgeblich beteiligt war.
Neben einer Darstellung dieses Kurses und seiner pädagogisch-psychologischen Konzeption wird vor allem auch die Erfahrung aus diesem Kurs und ggf. Schlüsse bzgl. einer Lösung des Transferproblems der gewonnenen Erkenntnisse in die anwendende Praxis Gegenstand der weiteren Kapitel sein.

3.2 Zielgruppenproblematik bei IR-Qualifizierungen

Betrachtet man die Kurse bei IR-Herstellern, so kann man feststellen, daß eine relativ große Heterogenität in der Zusammensetzung dieser Kurse vorliegt. Wie übereinstimmend von mehreren IR-Herstellern mitgeteilt, reicht das Teilnehmer-Spektrum vom angelernten Bediener kleiner Anwenderbetriebe, über Meister, Arbeitsvorbereiter bis hin zu Werksleitern, die sich nur einen Überblick über das angeschaffte IR-System verschaffen wollen.

Es sind also Zielgruppenunterschiede hinsichtlich zweier Dimensionen zu beachten:

1. Unterschiede in der mitgebrachten Qualifikation, im Ausbildungsstand und der Berufserfahrung.
2. Unterschiede, die sich aus dem Anforderungsinhalt des Arbeitsplatzes (im weitesten Sinne) des Kursteilnehmers ergeben.

Verschränken sich diese Dimensionen, so sind in einem Kurs nebeneinander der an technischen Einzelheiten interessierte Ingenieur, der angelernte Schweißer, der später programmieren soll und der Werksleiter, der "nur einmal hineinriechen" wollte. Diese unterschiedlichen Anforderungs-

und Qualifikationsdimensionen in ein Kurskonzept zu integrieren, ist eines der Kernprobleme der Trainer der IR-Hersteller.
Sucht man die Zielgruppe, die die größten Verständnisschwierigkeiten hinsichtlich IR-Programmierung hat, so ist übereinstimmendes Ergebnis der durchgeführten 10 Expertengespräche bei IR-Herstellern und IR-Anwendern, daß vor allem lernungewohnte Arbeitnehmer, die bisher die jetzt vom IR ausgeübten Tätigkeiten (schweißen, montieren etc.) verrichteten, also vorwiegend Un- und Angelernte und zum Teil auch Facharbeiter, die größten Lernschwierigkeiten haben.

Aus Gründen der förderpolitischen Empfehlung und eigenem Forschungsinteresse wurde für den Pilotkurs, der Gegenstand dieser Arbeit ist, die Entscheidung gefällt, vornehmlich Un- und Angelernte zu qualifizieren, die vor der IR-Implementierung, die Tätigkeit manuell ausführten.

3.3 Die Arbeitstätigkeiten im IR-System

Die hier beschriebenen Arbeitstätigkeiten wurden mit Hilfe des "Leitfadens zu Qualifikationsanforderungsanalyse" (siehe Anm. 10) und durch den Erhebungsleitfaden für geräte- und verfahrensbezogene Analysen (siehe Anhang) durch Beobachtungen, Interviews mit am IR tätigen Bedienern, und Expertengesprächen mit Vorgesetzten (Arbeitsvorbereitung, Meister) und Technikern ermittelt (vgl. Kapitel 3.4.1).

Übersicht 3.1: Tätigkeitsfelder im Industrieroboterarbeitssystem

PRODUKTIONSVORBEREITENDE TÄTIGKEITEN

(1) Planung und Festlegung des Arbeitsablaufs (von Arbeitseinsatzplanung/Maschinenbelegung (Disposition) bis zur Festlegung der konkreten Bearbeitungsschritte mit dem IR)

(2) Teachen und Programmieren des IR (je nach Typ der IR-Steuerung; vgl. Kapitel 2)

(3) Korrektur und Optimierung des Ablaufprogramms

(4) Programmsicherung/-archivierung

PRODUKTIONSUNTERSTÜTZENDE TÄTIGKEITEN

(5) Allgemeine Produktionsunterstützung

- Zu- und Abführen von Werkstücken
- Zuführen von Hilfsstoffen
- Abführen von Resten, Abfall etc.

Direkte Produktionsunterstützung

(6) - Umrüsten von
  - o Mechanik (z.B. Werkzeugwechsel)
  - o Steuerung (Wechsel von Ablaufprogrammen)
  - o Programmanpassung

(7) - Positionieren, Einlegen, Entnehmen

(8) - Bedienung von IR-Steuerung und Peripherie (An-/Abschalten, Starten)

PRODUKTIONSÜBERWACHUNG

(9) - Produktionskontrolle/Prozeßüberwachung
  o mit
  o ohne
  Eingriffsmöglichkeiten (z.B. Reinigen der Schweißpistole)

(10) - Produktkontrolle, ggf. mit

(11) - Nacharbeiten

PRODUKTIONSERHALTENDE/-WIEDERHERSTELLENDE TÄTIGKEITEN

(12) Produktionserhaltung durch Wartung und vorbeugende Instandhaltung

(13) Produktionswiederherstellung
- Störungsdiagnose
- Störungsbeseitigung, Instandsetzung

Ob und inwieweit die in der Produktion tätigen Arbeitnehmer die vorgenannten Tätigkeiten ausüben, hängt von mehreren Faktoren ab. Bestimmende Momente sind:

- das Einsatzverfahren
- der Industrieroboter-Typ
- die Arbeitsorganisation im Anwenderbetrieb
- die Qualifikation der Arbeitnehmer

Die Anforderungen, die sich aus der Spezifik dieser Einflußfaktoren ergeben, ist Gegenstand der nächsten Kapitel.

3.4 Das Einsatzverfahren

Es lassen sich folgende Einsatzgebiete von Industrierobotern unterscheiden:

- Bahnschweißen,
- Punktschweißen,
- Beschichten (Lackieren, Kleben, thermisches Spritzen),
- Entgraten,
- Gußputzen,
- Druckguß, Spritzguß,
- Schmieden und Pressen,
- Handling im Zusammenwirken CNC-Maschinen,
- Montage,
- Palettieren, Verpacken.

Das Einsatzgebiet, welches die meisten Einsatzfälle verzeichnen kann, ist eindeutig das Punktschweißen, während die Einsatzverfahren Beschichten und Bahnschweißen weniger häufig anzutreffen sind (9).

Was nun die restlichen Verfahren betrifft, hier vor allen die oftgenannte automatisierte Montage, so entspricht ihre Spektakularität indirekt proportional ihren Einsatzfallzahlen (vgl. Montagestudie, 1985).

Die Qualifikationsanforderungen in einem nach Verfahrens- und Geräteanforderungen unterschiedenen IR-System sind nun sehr verschieden. Wie im ersten Teil der Arbeit ausführlich dargestellt, existiert gegenwärtig kein Instrument, was eine Qualifikationsanforderungsanalyse zuließe, die den Kriterien:

- Standardisierbarkeit
- qualitative Korrektheit

- Ökonomie in der Anwendung
- Umsetzbarkeit der Ergebnisse in Lehrinhalte bzw. Lernziele

entspräche.
Der Not der Situation gehorchend, entschloß sich die Projektgruppe einen eher "pragmatischen" Ansatz für die Qualifikationsanforderungsanalyse anzuwenden.

3.4.1 Die Erfassung der Qualifikationsanforderungen im IR-System

Um eine möglichst breite Erfassung der Qualifikationsanforderungen zu ermöglichen wurde folgendermaßen vorgegangen:

- Erstellung eines Gesprächs- und Beobachtungsleitfadens zur Qualifikationsanforderungsanalyse (QAA)
- Selbstqualifizierung in der IR-Technik
- Dokumentenanalyse
- Erstellung eines geräte- und verfahrensbezogenen Analyseleitfadens

A) <u>Der Leitfaden zur QAA (10):</u>
Der Leitfaden ist als Gesprächsleitfaden entlang dreier Gegenstandbereiche für Expertengespräche gedacht und erlaubt zusätzlich die qualitative Niederlegung von vor und nach dem Gespräch gemachten Beobachtungen, die sich vornehmlich auf Layout des Arbeitsplatzes, Umgebungsbedingungen und Verrichtungsbeschreibungen des IR-Bedieners verlegen.
In den Bereichen I und II wurden vornehmlich Führungspersonen befragt, während der Bereich III, die "eigentliche" Qualifikationsanforderungsanalyse, jeweils mit dem IR-Bediener zusammen bearbeitet wurde.

Der vollständige Leitfaden ist in Anm. 10 zu dieser Arbeit zu finden.

B) Selbstqualifizierung:
Ergänzend zum Leitfaden unterzog sich der Autor mehreren Programmierschulungen bei diversen IR-Herstellern und einer verfahrensorientierten Unterweisung (Bahnschweißen) bei einer schweißtechnischen Lehr- und Versuchsanstalt.
Die Anforderungen wurden "qualitativ" in Gruppendiskussionen unter den anderen ebenfalls an der Ausbildung beteiligten Projektmitglieder ermittelt.

C) Dokumentenanalyse:
Schließlich wurde ein ausführliches Studium von Programmierhandbüchern der sieben meistverbreiteten IR-Hersteller in der Bundesrepublik, deren Schulungsanleitungen und Materialsammlungen - soweit überhaupt vorliegend - gemacht.

D) Analyseleitfaden (siehe Anhang)
Im Gegensatz zu A) wurde mit dem Analyseleitfaden eine detaillierte Auflistung von Tätigkeiten und Kenntnissen spezifiziert nach Geräten und Verfahren ermittelt (vgl. Kap. 1.5.3.4).

Mit Hilfe dieser vier Erhebungstechniken wurden die

- Tätigkeiten im IR-System
- Wissen- und Kenntniskomplexe, die zur Ausführung dieser Tätigkeiten notwendig sind, und die
- technisch-organisatorischen Rahmenbedingungen bei IR-Einsatzfällen

ermittelt.

3.4.2 Verfahrensanforderungen im IR-System

Wie bereits angedeutet, besteht eine sehr deutliche Differenziertheit der Qualifikationsanforderungen nach dem Produktionsverfahren, bei denen der Industrieroboter eingesetzt wird.
So bestehen beträchtliche Unterschiede hinsichtlich

- Materialkenntnissen
- Arbeitsmittelkenntnissen
- Kenntnissen des Bearbeitungsvorgangs und seiner Parameter.

Zur Verdeutlichung zwei Fallbeispiele:
Montage und Bahnschweißen
In der Montage durch einen IR fallen zwar insgesamt betrachtet alle Tätigkeitsbereiche an, wie sie in der Übersicht 3.1 aufgeführt sind, jedoch ist - unter Berücksichtigung der Zielgruppenentscheidung (Kap. 3.2) - für den eigentlichen Bediener die Tätigkeit meist auf Entnahme- und Einlegetätigkeiten beschränkt. Die Programmierung von IR in Montagelinien geschieht meist über die Instandhaltungsabteilung, die über Elektrotechnik- oder gar Ingenieurqualifikationen verfügt. Selbst wenn der Bediener selbst gewisse Programmiersequenzen verrichten darf, ist die Kenntnis allein auf den IR bzw. seine positions- und geschwindigkeitsmäßige Optimierung bezogen. Material- oder Bearbeitungsvorgangskenntnisse sind nur in sehr geringen Maße verlangt.

Diese Ansicht unterstützen auch die Ergebnisse der "Montagestudie" (1984), die feststellt, daß eine Dequalifizierung der Arbeitenden zu beobachten ist, die "aus einer zunehmenden Verlagerung komplexer Arbeitsinhalte in die eingesetzten Maschinen" resultiert. "Es entstehen Resttätigkeiten mit einfachen Arbeitsinhalten, zu deren Bewältigung Anlernen ausreichend ist. Die Relation von Höherqualifizierung zur Dequalifizierung sieht somit wie folgt aus:

Wenige erhalten die Chance zur Höherqualifizierung, die meisten Arbeitnehmer sind jedoch von Dequalifizierung betroffen." (S. 24)

Anders verhält es sich beim Bahnschweißen:
"Die Vereinigung von Werkstoffen unter Anwendung von Wärme und/oder Kraft ohne oder mit Schweißzusätzen (Definitionschweißen nach DIN 1910) beeinflußt den bearbeitenden Werkstoff in seinen statischen und dynamischen Festigkeitseigenschaften, seiner Verformungsfähigkeit und Stabilität, evtl. in seinen Maßen ... und Eigenspannungen. Diese möglichen Auswirkungen müssen bei der Auswahl des adäquaten Schweißverfahrens "(was allerdings dem Schweißer meist vorgegeben ist)" der Elektrodenart usw. und beim Bearbeiten beachtet werden. So hat die Art der Elektrode z.B. Einfluß auf die Schlackendichte und Porösität, Viskosität, den grob- oder feintropfigen Tropfenübergang usw. und damit auf die Nahtqualität. Die Qualität wird zudem auch beeinflußt durch die Haltezeit in der wärme-beeinflußten Zone und von der Abkühlungsgeschwindigkeit (Abhängig von der zugeführten Energie je Längeneinheit der Schweißnaht), die Auswirkungen auf die Gefügeausbildung und die Entstehung von Rissen und Poren hat.

Für die Bearbeitung sind die Schweißpositionen (Fallnaht, Steignaht, Wannenlage usw.) und die jeweiligen Nahtformen, die sich nach der Werkstückgeometrie- und Dicke bestimmen, zu beachten. Die Ausführung der Schweißung kann ein- oder beidseitig, mit oder ohne Zusatzwerkstoffe, mit oder ohne Unterlage erfolgen.
Bei hohen Schweißstromstärken muß die Bildung magnetischer Felder im Werkstück beachtet werden, die eine Ablenkung oder sogar ein Abreißen des Lichtbogens bewirken können. Folgen sind Blasenbildungen, die durch Neigung der Elektroden, Versetzen des Maßepols, schrittweises Schweißen, oder Anbringen von mehr Heftstellen herabgesetzt werden können.

Im folgenden Exkurs werden für Hand- und IR-Schweißen beispielhaft Tätigkeiten, Aufgaben und zugeordnete Kenntniskomplexe dargestellt.

Abb. 3.1: Tätigkeiten und Anforderungen beim Handschweißen

ARBEITSAUFGABE/ARBEITSVORGANG	ARBEITSTÄTIGKEIT	NOTWENDIGE KENNTNISSE
1. Anlegen der Schutzkleidung	Anlegen von: - Arbeitskleidung aus nicht-synthetischen Material - Sicherheitsschuhe, Lederschürze, -kappe, Handschuhe, Schutzhelm, -brille	Kenntnis der Unfallverhütungsvorschrift Schweißen, Schneiden und verwandte Arbeitsverfahren-VBG 15
2. Entgegennahme des Arbeitsauftrags	Schriftliche oder mündliche Entgegennahme des Schweißfolgeplans	Kenntnis der Nomenklatur und ihrer Bedeutung
3. Arbeitsmittelbereitstellung, -kontrolle und -anpassung	Brenner auf Verschmutzung überprüfen, ggf. reinigen Gasdruck und-menge überprüfen Drahtmenge und-beschaffenheit überprüfen und ggf verändern	Kenntnis der Reinigungskriterien f.d.Düsenraum Kenntnisse über die korrekte Handhabung und Funktion von: - Schutzgasversorgung (Einzelflaschen, zentr. Versorgungsanlage) - Schutzgassteuerung (Druckminderventile) -Schutzgasmenge (Eigenschaften der Gase und Gemische, Handhabung des Mengenmeßgeräts) Kenntnis des korrekten Drahteinsatzes v.a. hinsichtlich: - Drahtelektrodendurchmesser - Oberflächenbeschaffenheit - Spulung - Drahtfestigkeit
4. Anstellen der Schweißanlagen	Netzanschluß herstellen Schweißstrom einschalten schutzgaszufuhr aufdrehen	Kenntnis der Schweißstromquelle(Drehschalter, Wahlschalter, Leistungsschild) siehe 10.
5. Werkstückbereitstellung	Abholen bzw Entgegennehmen der jeweiligen Werkstücke	Vgl. 2.
6. Nahtvorbereitung	Brennschneiden, schleifen, feilen, säubern, Hilfsbleche anschweißen (siehe 10,11)	Kenntniss der Bearbeitungskriterien (Begriffe und Benennungen für Schweißstöße, -fugen, -nähte Sauberheitskriterien) zur Verhütung von Nahtfehlern.
7. Werkstückpositionierung	Einlegen und Spannen	Siehe 6.
8. Heften	Einstellen der Parameter (sihe 10) Setzen der Heftpunkte	Kenntnis der korrekten Abstände und Anzahl der Heftpunkte (Verzug, Poren)
9. Endgültige Positionierung	siehe 7.	siehe 7.
10. Schweißparametereinstellung	Einstellen der Gerätekennlinie durch Betätigen des Spannungsdrehschalters Einstellen der Lichtbogenkennlinie durch Betätigen von Spannungs- und Drahtvorschubschalter Einstellen des Gasmischverhältnisses Einstellen der Wahlschalter /Zwei-, Viertakt, Dauer-, Intervall)	Kenntnis der elektrotechnischen Grundbegriffe (Strom, Spannung, Widerstand, Ohmsches Gesetz, Transformatoren, Transistoren etc.) Kenntnis deroptimalen Gerätekennlinie und des Arbeitspunkts und ihrer konstituierenden Größen Kenntnis von Aufbau und Wirkung der Lichtbogenkennlinie Kenntnis des Gasmischverhältnisses und seiner Wirkung auf den Schweißprozeß (siehe 3.)
11. Schweißvorgang	Ansetzen des Brenners Zünden des Lichtbogens durch Betätigen der Drucktaste Schweißen entlang der vorgeg. Nahtform und Fugenform unter Einhaltung eines(r) bestimmten Brennerhaltung, Brennerabstands, Schweißbewegung, Schweißgeschwindigkeit	Kenntnisse 1 - 10 Kenntnis über Wirkungen von Brennerhaltung (Stechend, neutral, schleppend) und-bewegung (Pendeln) auf Einbrand.
12. Ausspannen	-----	--------
13. Werkstückkontrolle	Visuelle, Flüssigkeits- oder Röntgenkontrolle	Kenntnis der Qualitätskriterien (l-Maß, Wurzelmaß) Erkennen von Schweißnahtfehlern durch Kenntnis ihrer äußeren (Brechen) oder inneren (Röntgenbild) Beschaffenheit
14. Nacharbeiten	Siehe 1-10	Kenntnis der Ursachen für Schweißnahtfehler Kenntnis der Einflüsse auf die Nahtform durch Prüfen von - Lichtbogenleistung - Spannung und Lichtbogenlänge/ Abschmelzleistung - Brennerstellung - Kontaktrohrabstand etc.
15. Abtransport	---------	Kenntnis des Lagerraums

Abb. 3.2: Tätigkeiten und Anforderungen beim IR-Schweißen

ARBEITSAUFGABE/ARBEITSVORGANG	ARBEITSTÄTIGKEIT	NOTWENDIGE KENNTNISSE
1. Anlegen der Schutzkleidung	siehe Handschweißen	siehe Handschweißen
2. Entgegennahme des Arbeitsauftrags	siehe Handschweißen	siehe Handschweißen
3. Arbeitsmittelbereitstellung,-kontrolle und -anpassung	siehe Handschweißen Druckluftzufuhr und Öldruck an IR und Peripherie prüfen HPG an Buchse anschließen	siehe Handschweißen Kenntnis der Örtlichkeit, Skalen und Funktionsweise des Druckluft- u. Öldruckanzeigers
4. Anstellen der Schweißanlage Inbetriebnahme des IR und der Peripheriekomponenten	siehe Handschweißen Hauptschalter und Leistung einschalten Betriebszustand anwählen Lichtbogenschalter aus	siehe Handschweißen Kenntnis des Bedienfelds des IR Kenntnis von Bedeutung und Funktion der unterschiedlichen Betriebszustände und ihrer Anwahl durch das Terminal
5. Werkstückbereitstellung	siehe Handschweißen	siehe Handschweißen
6. Nahtvorbereitung	siehe Handschweißen	siehe Handschweißen
7. Werkstückpositionierung	siehe Handschweißen Einspannen in Positionierer (falls vorhanden)	siehe Handschweißen Kenntnis der Funktionsweise des Positionierers (manuelles Einrichten oder digital anzusteuern)
8. Heften	siehe Handschweißen	siehe Handschweißen
9. Endgültige Positionierung	siehe 7.	siehe 7.
10. Programmierung des IR	10.1 Teachen TCP einstellen; Refererieren; Anfahren und Abspeichern in CP oder PTP Regulieren der Brennerstellung durch verfahren der Handachsen Geschwindigkeit einstellen Ein- und Ausgänge setzen Schweißparameter festlegen u. einstellen Reihenfolge der Punkte notieren (Punktnummern) und auf Werkstückskizze eintragen.	10.1 Teachen Kenntnis der Lage und Funktion der Verfahrtast für alle Achsen Kenntnis von Bedeutung und Funktion des CP-u PTP-Betriebs Kenntnis des Teachvorgangs (Anwählen Handbetrieb, Speichertaste auf HPG, Drucktasten für PTP und Geschwindigkeit) Kenntnis über die Bedeutung von Ausgängen un Eingängen und ihres Setzen/löschens mit Kippschaltern auf HPG Kenntnis des gesetzmäßigen Zusammenhangs von Stromstärke und Spannung in Gestalt der Geräte und Lichtbogenkennlinie: Antizipation dieses Zusammenhangs.
	10.2 Ablaufprogramm erstellen Definition von Arbeitsanweisungen im Editormodus	10.2 Ablaufprogramm erstellen Kenntnis der Syntax, Semantik (Kommandos, Befe und Blockstrukur der Programmiersprache
	10.3 Ablaufprogramm testen Anwählen des Execute-Modus Bewegungsablauf ggf im Einzelschrittbetrieb testen Programmkorrektur und -optimierung am Terminal (Geschwindigkeit, Parameter, Anfahrpunkte) Testen des gesamten Bewegungsablaufs	10.3 Ablaufprogramm testen Kenntnis der optimalen Brennerstellung und des optimalen Kontaktrohrabstands (siehe Handschw. Antizipation der Auswirkung der Schweißgeschwindigkeit Kenntnis der Korrekturmöglichkeiten
	10.3 Speichern des Programms	10.3 Speichern des Programms Kenntnis der Speichermedien (Kassette, Diskette) der Möglichkeiten (vollst. vs teilws Ablegen) und der Zugriffsmöglichkeit über das Betriebssystem
11. Automatisches Schweißen	Lichtbogenschalter ein; Schweißstromquelle ein; Betriebszustand AUTOMATIK anwählen Starttaste betätigen Korrigieren während des Schweißvorgangs mit HPG	siehe 4. Kenntnis von Indikatoren zur Schmelzbadbeurtei und während des Schweißvorgangs hinsichtlich Einbrandtiefe, Abschmelzleistung. Kenntnis der Wirkungsweise der Schweißparamet auf den Schweißprozeß (Vgl 10.1)
12. Ausspannen	----------	--------------
13. Werkstückkontrolle	siehe Handschweißen	siehe Handschweißen
14. Nacharbeiten	siehe Handschweißen, Ev. Nachschweißen mit IR	siehe Handschweißen siehe 10.1 und 11.
15. Abtransport	siehe Handschweißen	siehe Handschweißen

Für das Roboterschweißen ist es notwendig, bestimmte Parameter während des Programmierprozesses festzulegen, die nicht mehr wie beim manuellen Bearbeiten durch kurzfristiges erfahrungsgelenktes Reagieren an die Erfordernisse angepaßt oder ausgeglichen werden können. Das gedankliche Vorwegnehmen betrifft z.B. die Brennerpositionierung (Abstand zum Werkstück, Neigung), die Einstellung der Schweißprozeßsollwerte (Lichtbogenspannung, Schweißstromstärke, Drahtvorschubgeschwindigkeit), optimale Lage der Schweißnaht in Abstimmung von Brennerbewegungen des IR und Teilebewegungen durch den Werkstückpositionierer, Pendelbreite und -frequenz und Zugang zum Werkstück. "(unveröffentlichtes Manuskript, Bachl, Frevel, Heier)".

3.4.3 Exkurs: Anforderungsunterschiede beim Hand- und Industrieroboterschweißen

Die zentralen Unterschiede in den beschriebenen Anforderungen bei den Tabellen 3.1 und 3.2 liegen in dem für das Zustandekommen einer optimalen Naht der entscheidenden Punkte 10 und 11 auf den ersten Blick vor allem in der zusätzlichen Anforderung an die Programmierkenntnisse des Schweißers. Insofern ließe sich daraus ableiten, daß die verfahrensbezogenen Kenntnisse mehr oder weniger vollständig vorhanden sind, wenn man von der tagtäglichen Berufspraxis eines Schweißers, nämlich eine Naht nach der anderen zu schweißen, ausgeht.

Eine besondere Gewichtung des Bereiches "Programmieren" könnte daraus abzuleiten sein.
Die Praxis belehrte das Forschungsteam bereits in der Vorphase jedoch eines besseren:
Selbst Handschweißer mit einer MAG I-Prüfung verfügen zwar über ausreichende manuelle Fertigkeiten, um einem den betrieblichen Anforderungen entsprechendes Arbeitsergebnis

zu produzieren, sind sich aber über die Gesetzmäßigkeiten der Schweißtechnik, die ihr Tun erst mehr oder minder erfolgreich werden lassen, nur sehr grob im Klaren. Das Gütekriterium eines Handschweißers ist in erster Linie sein Ohr (das Geräusch des Brenners wird mit erfahrungsmäßigen Ergebnissen gekoppelt) und in zweiter Linie seine Hand, mit der er während des Schweißprozesses auftretende Unregelmäßigkeiten spontan mit Korrekturbewegungen kompensieren kann.
Selbst die Veränderung der Schweißparameter "Spannung" und "Drahtvorschub" ist meist rein erfahrungsgeleitet: "Spannung hoch" bzw. "Drehknopf nach rechts" kennt im Wissen eines Schweißers mitunter keinen Zusammenhang.
Am Anfang eines neuen Schweißvorgangs (unter neuen Bedingungen) steht ein "trial and error"-Prozeß bis die Schalterstellungen sich zu empirischen Leistungskenndaten verdichtet haben. (Die Kenntnisse unter 10 und 11 im Bild 3.2 sind dementsprechend idealtypisch gefaßt).

Nun ist aber gerade beim IR-Schweißen die Antizipation des Schweißvorgangs gefragt, als - von gewissen Sensorsystemen abgesehen - der Industrieroboter nicht spontane Ausgleichsbewegungen machen kann. Die Einstellung der Schweißparameter hat - bei analog anzusteuernden Schweißstromquellen - über absolute Zahlen in Volt bzw. Ampere zu erfolgen, wobei zwar auch hier sich begriffslose Eselsbrücken bauen lassen, ein "Herumprobieren" mit dem Industrieroboter sich aber weit schwieriger gestaltet als mit einem normalen Handschweißgerät.

Die Notwendigkeit eines wissensgeleiteten Vorgehens gegenüber rein erfahrungsgeleiteten "trial and error"-Prozessen ist evident.
Da nicht nur Schmelzschweißer an dem Kurs (vgl. Kapitel 4 ff.) teilnahmen, sondern gerade im Gegenteil an- und ungelernten Schweißern die Teilnahme ermöglicht werden sollte,

wurde bei der Gewichtung der Lehrinhalte (vgl. Kapitel 4.2.1) neben den eigentlich IR-spezifischen Inhalten eine besondere Aufmerksamkeit auf die Grundlagen der Elektrotechnik und weiteren Grundlagen der Schweißtechnik allgemein gelegt.

3.5 Gerätebezogene Qualifikationsanforderungen bei IR

3.5.1 Tastenprogrammierung mit Menütechnik

Gemäß in dem in Kap. 1.5 formulierten Anspruch, Qualifikationsanforderungen möglichst konkret zu erfassen, wird im folgenden versucht, die für die jeweilige Programmierart wesentlichen Kenntnisbereiche zu benennen und zu beschreiben:

Um ein Programmierhandgerät korrekt und seinem Zweck gemäß (Teachen und Programmerstellen) zu bedienen sind nötig:

1. Kenntnis aller Tasten hinsichlich Zweck und Funktionen

2. Kenntnis der Menü-Logik

3. Fingerfertigkeit im Bedienen der Tastatur

Zu 1. Kenntnis der PHG-Tasten

In den meisten Geräten mit Tastenprogrammierung sind die Tasten in funktionsspezifische Gruppen unterteilt. So gibt es beispielsweise

- numerische Tasten
- Verfahrtasten (mitunter auch Steuerknüppel)
- Tasten für bestimmte Programmfunktionen (Eingänge, Ausgänge, Geschwindigkeit etc. oder Menütasten)
- die eigentliche Speichertaste zum Speichern der jeweiligen Position des Industrieroboters
  etc.

Kenntnis dieser Tasten heißt, Bedeutung und Zweck zu kennen. Zur Kenntnis der Bedeutung sind die Symbole auf den Tasten zu identifizieren. Dies ist nur begrenzt denkbar ohne Kenntnis des Zwecks.

Ein "f" auf einer Taste bedeutet beispielsweise "Funktion". Ein zweckmäßiger Einsatz dieser Taste ist jedoch erst denkbar, wenn diese Taste beispielsweise als Möglichkeit der Erstellung von Steuerinstruktionen für ein Programm gewußt ist. Insofern läßt sich "Kenntnis der Tasten" zwar als Merkmal festhalten, ist als isolierte Anforderung jedoch nicht praxisrelevant.
Wie später noch ausgeführt, besteht gerade für den Trainer die Aufgabe solche getrennten Anforderungen im Zusammenhang darzubieten.
Zwar ist nun in diesem Kontext auf die Leistung des Gedächtnisses hinzuweisen, Symbole zu erinnern, jedoch wurde im Verlauf des Kurses festgestellt, daß eine quasi sinnlose Erinnerung schwerer fällt als ein mit Wissen seines Zwecks erinnertes Symbol, als hier auch die Bedeutung sinnvoller "Eselsbrücken" hilfreich ist. Erkenntnisse aus der kognitiven Psychologie und Lernpsychologie stützen diese Erkenntnisse (vgl. Bergius (1975) und Bredenkamp, K.u.J. (1974)).

Zu 2. Kenntnis der Menü-Logik

Menü ist die - auf Betätigung bestimmter Tasten hin - hierarchische Darbietung von Wahlmöglichkeiten auf einem Bildschirm oder Display, unter denen sich der Bediener zu entscheiden hat. Wird ihm die Entscheidung durch gezielte Fragen und Anweisungen, die schriftlich auf dem Display erscheinen, erleichtert, so spricht man zusätzlich von Bedienerführung.

3.5.2 Textuelle Programmierung

Im Vergleich zur Menü-Technik verlagert sich bei der textuellen Programmierung, die - wie in Kap. 2 beschrieben - meist noch kombiniert ist mit einem Handprogrammiergerät, welches die gewünschten Positionen anfahren läßt und abspeichert, das Anforderungsgewicht zunehmend auf die Gestaltung der Programmstruktur.

Der Teach-Vorgang selbst - also Anfahren und Abspeichern - ist nicht in dem Maße in ein sukzessive zu erstellendes Programm eingebunden, wie bei der Tastenprogrammierung (wobei natürlich auch bei letzterer nachträgliches Korrigieren und Erweitern des Programms möglich ist), sondern neben dem Wählen der jeweiligen Betriebssystemebene (beispielsweise: "Teach-Betrieb", "Execute"-Probebetrieb, "Editor" etc.) ist das korrekte Erstellen der Befehlslisten, welche oft in einer basicähnlichen "Sprache" aufgebaut sind, die entscheidende Anforderung.

Das korrekte Schreiben - auf einer schreibmaschinenähnlichen Tastatur - von Befehlen setzt voraus:

- die Kenntnis der Bedeutung von meist englisch-sprachigen Befehlskürzeln
- die genaue Kenntnis der Befehlsstruktur (Abkürzungen, Trennzeichen etc.) pro Zeile
- die genaue Kenntnis des Programmaufbaus (Befehlsfolgealgorithmen, sonstige Programmkonventionen)
- eine gewisse Fingerfertigkeit beim Bedienen der schreibmaschinenähnlichen Tastatur.

3.5.3 Vergleichende Analyse des Programmierablaufs beider Steuerungen

Als Verdeutlichung der eben dargestellten Anforderungsmerkmale soll ein beispielhaftes Vorgehen bei der Programmerstellung zwischen zwei Systemen (Tastenprogrammierung mit Menü-Technik und textuelle Programmierung) dargestellt werden.

Tastenprogrammierung

1. Niederschreiben des geplanten Programms mit antizipierten Teach-Punkten.

2. Aufruf der Programmnummer

3. Erstellen von 4 (Steuer-) Grundinstruktionen

4. Anfahren und Abspeichern

5. Evtl. Zwischeninstruktionen (Unterprogrammaufrufe, Setzen von Aus- und Eingängen etc.)

6. Abschluß des Programms mit "Return"

Textuelle Programmierung

1. Schriftliches Niederlegen der Teach-Punkte-Abfolge

2. Industrieroboter-System in "Teach-Betrieb" bringen (durch die Schreibmaschinentastatur) und vergeben eines Programmnamens.

3. <u>Anfahren und Abspeichern</u> aller Punkte

4. IR-System in "Editor-Betrieb" bringen

5. Erstellen des Ablaufprogramms unter Benutzung der <u>vorher abgespeicherten Punkte</u>.

Was bei der textuellen Programmierung erst unter Punkt 5 "Erstellen des Ablaufprogramms" als wesentliche Anforderung auftritt, ist beim Beispiel der Tastenprogrammierung von Anfang an konstitutiv für das Gesamtvorgehen.

Zusammenfassend läßt sich also feststellen, daß die wesentlichen Anforderungsmerkmale beider Systeme sind:

- Kenntnis der Logik des Programmaufbaus
- Kenntnis der Einzelbefehle und ihrer korrekten Schreibweise (vor allem bei der textuellen Programmierung). Dabei erleichtern Basiskenntnisse der englischen Sprache das Verständnis.
- Kenntnis der Aufgabe bestimmter Tasten bei der Tastenprogrammierung, soweit sie Befehle repräsentieren oder den Einstieg in ein "Befehlsreservoir" erst ermöglichen.
- Gewisse Fingerfertigkeiten im Bedienen von Handprogrammiergeräten und/oder Tastaturen.

Der erste Bereich der Programmaufbaulogik erfordert mehr Verstehensleistungen und setzt gewisse Vorkenntnisse in EDV-Technik voraus. Hier war bei der Kurskonzipierung der entscheidende Punkt, sich über Art und Ausmaß der zu vermittelnden EDV-Grundlagen zu einigen (vom "bit" bis "Programm").

Der Bereich der Einzelbefehle ist einerseits mehr Gedächnis- bzw. reine Lernleistung, im Sinne eines memorierens, soweit es um das Behalten verstandener Abkürzungen, Schreibweisen oder Tastenbenennungen ist, andererseits sind bestimmte Einzelbefehle wie beispielsweise "Setzen eines Eingangs", "Register" etc. nur begreifbar im Kontext elektrotechnischer Grundkenntnisse. Die Vermittlung dieser elektrotechnischer Grundkenntnisse vor oder während des Programmierlehrgangs war damit ebenso notwendiger Bestandteil des Qualifizierungskurses.

3.6 Arbeitsorganisation in der automatisierten Produktion

Die Ergebnisse der Befragungen und Fallstudien aus der Vorphase des Projekts "QIR" (11) zeigen, daß die Arbeitsorganisation beim IR-Einsatz von folgenden Faktoren abhängen:

- Betriebsgröße,
- Produkt- bzw. Verfahrensspektrum,
- Losgröße.

Die Befragungen zeigten, daß tendenziell Klein- und Mittelbetriebe, die Industrieroboter einsetzten, eine weniger rigide Arbeitsteilung hatten als Großbetriebe.

Die Auswahl von Mitarbeitern für die Höherqualifizierung bezüglich Bedienen und Programmieren von Industrierobotern war weniger abteilungs- und ausbildungsspezifisch als bei Großbetrieben, die grundsätzlich Mitarbeiter der Instandhaltung zu Schulungen schickten, die mehr als den Ein- und Ausschaltprozeß des jeweiligen Industrieroboters umfaßten. Das Qualifikationsniveau dieser Mitarbeiter war dementsprechend hoch (Facharbeiter, Elektrotechnik), während Un- und Angelernte - entsprechend der späteren Tätigkeit als Einleger und Entnehmer - in ein- bis dreitägigen Kurzlehrgängen nur die Grundbegriffe der IR-Technik (Ein-, Ausschalten, Verfahren des IR, Not-Aus-Behebung etc.) vermittelt bekamen. Programmier- und Optimiertätigkeiten blieben ausschließlich den Instandhaltungsabteilungen vorbehalten.

Bei Klein- und Mittelbetrieben wurde für die Höherqualifizierung - meist auf Empfehlung des jeweiligen Meisters - auf junge, motivierte Facharbeiter und Angelernte aus der Produktion zurückgegriffen, die später dann die Programmierung, Optimierung, Einlege- und Entnahmetätigkeiten und oft noch einfachere Wartungstätigkeiten übernahmen.

Das Tätigkeitsspektrum, aus welchem der Mitarbeiter kommt und welches er nach der Qualifizierung zugewiesen bekommt, wirkt nun eindeutig auch während des Kurses auf

- Lernbereitschaft und Motivation,
- Lern"fähigkeit" im Sinne einer vorhandenen Lerngewohntheit respektive Lernungewohntheit.

Nähere Darlegungen hierzu finden sich in Kapitel 5 über die Evaluation des Kurses.

Auch wenn sich aus einem bestimmten Produkt oder Verfahren nicht zwingend ("Sachzwang") eine bestimmte Arbeitsorganisation ergibt, so konnte doch festgetellt werden, daß in Verfahren, die umfassendere Kenntnisse erfordern (z.B. Bahnschweißen), dem einzelnen Mitarbeiter auch nach Einführung der Industrieroboter meistens die Aufgabe der Programmierung übertragen wurde, da die Einstellung von verfahrensspezifischen Parametern beispielsweise bei einem Schweiß-Industrieroboter (vgl. Kap. 3.4.2) eben diese Verfahrenskenntnisse voraussetzte.

Die Losgröße und Typenvielfalt schließlich ist insofern ein Einflußfaktor auf die Arbeitsorganisation, weil von ihr die Eingriffshäufigkeit in den Produktionsprozeß abhängt.

Bei hohen Losgrößen und gleichzeitig geringer Typenvielfalt - soweit in einem solchen Fall der Einsatz frei programmierbarer Handhabungssysteme überhaupt zweckmäßig ist - ergibt sich bezüglich Programmier- und Optimiertätigkeiten am IR-System eine geringe Eingriffshäufigkeit. Die Aktivität während des Produktionsprozesses beim Arbeitnehmer in einem solchen System wird sich tendenziell auf andere Tätigkeiten verlagern, wie beispielsweise das Nacharbeiten von Werkstücken und die bereits erwähnten Einlege- und Entnahmetätigkeiten. Eine Verlagerung dieser - selteneren - Programmiertätigkeit auf eine eigenständige Abteilung ist aber wiederum vor allem bei Großbetrieben bzw. Großanwendern von Industrierobotern festzustellen.

Zusammenfassend kann also festgestellt werden, daß eine auf eine "ganzheitliche" Tätigkeit, also Bedienen, Programmieren und Warten, abgestimmte Arbeitsorganisation sich am ehesten in mittelständischen Betrieben mit ausgeprägten Anforderungen an das Fertigungsverfahren finden läßt.

3.7 Qualifikation der Arbeitnehmer als tätigkeitsbestimmendes Moment

Inwieweit vorhandene Qualifikation, im Sinne eines breiten oder spezifischen, auf den Arbeitsprozeß bezogenen Kenntnis- und Fertigkeits"reservoires", vom Betrieb überhaupt genutzt wird, hängt nur sehr bedingt vom Qualifikationsinhaber selbst ab.

In diesem Zusammenhang benennen Dürholt et al. (1985) in ihrer Darlegung der Zielsetzung ihres Arbeitsanalyseinstruments TAI (vgl. Kap. 1.4) als Kriterien:

"Verhältnis zwischen ausgebildeter, vorhandener und eingesetzter Qualifikation (Über- und Unterforderungsphänomene), Breite der mit einer Qualifikation abdeckbaren Tätigkeiten (Ersetzbarkeit bzw. Belastung durch Risiken des Arbeitsplatzverlustes durch mangelnde Flexibilität), Lernbedingungen und Lernförderlichkeit von objektiven Bedingungen und Tätigkeiten ..." (S. 118)

Demgegenüber stehen neueste Ergebnisse der "Montagestudie", die den Stellenwert von Qualifikation in Zusammenhang mit geplanten Automatisierungsprozessen in der Montage beleuchten:

Die Frage nach dem Automationshemmnis "unzureichende Qualifikation des Personals" wurde von den 355 befragten Betrieben so beantwortet, daß 41 % die nicht hinreichende Qualifikation des Personals als mittleres und 51 % als geringes Automatisierungsproblem einstuften. Wenn die Spezifik des Bereichs Montage - Entwicklung vorwiegend Richtung Facharbeiter und qualifizierte Angelernte bei gleichzeitig prognostizierten Freisetzungseffekten vor allem bei den niedrig-qualifizierten Ungelernten - berücksichtigt werden muß, so ist eine Notwendigkeit der Nutzung breiten Qualifikationspotentials nie ableitbar, geschweige denn eine zwingende Tendenz zur breiter gestreuten Höherqualifizierung von Arbeitnehmern.

Abbildung 3.3:

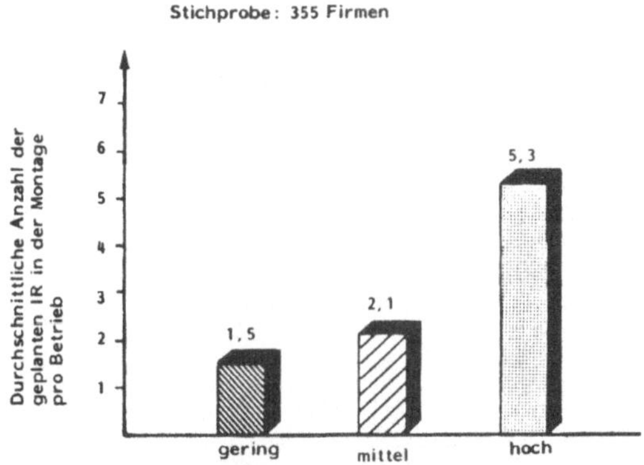

Einschätzung des Automatisierungs hemmnis "Unzureichende Qualifikation des Personals"

Einschätzung der Betriebe über die Höhe des Automatisierungshemmnisses "unzureichende Qualifikation des Personals" in Abhängigkeit von der durchschnittl. Anzahl der z.Zt. geplanten Montageroboter pro Betrieb (IAO)

(Quelle: Montagestudie 1984, S.150)

So kann man zwar erwarten, daß in den Bereichen mit hohen verfahrensspezifischen Anforderungen, vorhandene Qualifikationen genutzt und sie auch hinsichtlich speziellerer Kenntnisse, wie z.B. Programmieren eines Industrieroboters, ausgebaut werden, somit die Arbeitsorganisation sich auf die Zunahme des Arbeitsumfangs (horizontal und vertikal) auswirkt; eine generelle Tendenz der Nutzung vorhan-

dener Qualifikation im Sinne einer sich auch tariflich niederschlagenden Höherstufung des jeweiligen Arbeitnehmers ist jedoch nicht feststellbar.
Inwieweit die - im Projekt QIR - vermittelten Qualifikationen sich in eine veränderte Arbeitsorganisation einpassen bzw. überhaupt zur Anwendung gelangen, ist gegenwärtig Gegenstand laufender Nacherhebungen.

4 Qualifizierung an Industrierobotern - der Kurs

Die in Kapitel 1 geführte Diskussion mit Ansätzen der Qualifikationsanforderungsanalyse wie mit vorhandenen pädagogischen Konzepten flossen ebenso in die Struktur des Kurses ein, wie das in Kapitel 3 skizzierte "ambiente" gegenwärtiger Qualifizierung am Markt von Roboterherstellern und -anwendern.
Wie bereits mehrfach erwähnt, war bei der Konzeption des Lerntrainings eine breite Auseinandersetzung mit Trainingskonzepten aus dem Umkreis der Theorie der "etappenweisen Ausbildung geister Handlungen" von Galperin (1983) von Bedeutung. Die Ergebnisse dieser Auseinandersetzung sind im Rahmen eines Exkurses (vgl. Kap. 1.5.7) festgehalten.

Die Gliederung des Kapitels umfaßt nun folgende Punkte:

- Zielgruppe des Kurses,
- Lehrinhalte/Lernziele,
- pädagogisch-didaktische Prinzipien des Kursaufbaus und angewandte Methodik,
- Trainingskonzept.

Abschließend wird im 5. Kapitel eine Bewertung des Kurses hinsichtlich

- Verhalten der Teilnehmer während des Kurses und
- Lernerfolg

erfolgen.

4.1 Die Zielgruppe der Pilotkurse "QIR"

Wie in Kapitel 3.2 schon angedeutet, lag der Auswahl der Zielgruppe für den Kurs die Förderempfehlung des BMFT zugrunde, vor allem un- und angelernte Arbeitnehmer in den Teilnehmerkreis mit einzubeziehen. Da der Pilotkurs sich nur auf das Gebiet "Schweißen mit Industrierobotern" erstreckte, wurde versucht, vornehmlich Schweißer zu berücksichtigen, die weder den Facharbeiterabschluß "Schmelzschweißer" noch in der Hierarchie der überbetrieblichen Ausbildungen, die nach den Richtlinien des Deutschen Verbands für Schweißtechnik (DVS) erfolgen, zu weit oben angesiedelt waren.
Da aber die Teilnehmer der beiden Pilotkurse vorwiegend von IR-Anwender-Unternehmen geschickt wurden, deren Interesse in der Auswahl des zu qualifizierenden Personals nicht immer mit dem der Forschungsgruppe zusammenfiel, kam letzten Endes doch ein weiteres Spektrum von Teilnehmern hinsichtlich ihrer Qualifikationen und Position im Betrieb zustande.

Die Teilnehmer waren

- junge, ungelernte Industriearbeiter (Schweißer),
- Schweißer mit längerer Erfahrung im MAG-Schweißen,
- ausgebildete Schmelzschweißer,
- Meister,
- und als "Gasthörer" je ein Schweißfachingenieur.

Die Lernvoraussetzungen in den beiden Kursen waren also heterogen, wobei schon hier angemerkt werden muß, daß die gängigen Vorstellungen von lernungewohnten Arbeitern mit niedriger formaler Qualifikation und formal hochqualifizierten Meistern und Schweißfachingenieuren, als lerngewohnte und erfolgsversprechendste Zielgruppe durchaus widerlegt wurden (siehe hierzu Kap. 5.3).

Eine Erhebung der Lernvoraussetzungen i.S. einer klassischen psychologischen Testauswahl wurde als wenig sinnvoll angesehen, als mit den vorliegenden Instrumentarien - beruhend auf der anfangs skizzierten Theorie der quantitativ zu erhebenden Merkmalskonstrukte - durchwegs nur sehr allgemeine "Merkmale" wie "Intelligenz", "räumliches Denken", oder "Ausdrucksfähigkeit" und ähnliches hätten ermittelt werden können.
Wie im ersten Teil der Arbeit entwickelt, beruhen diese Art Tests auf Fähigkeitskonstrukten, die "Verhalten" - die Lösung von mehr oder minder geistreichen Strichaufgaben - auf "Fähigkeiten" zurückführen, somit eine verallgemeinerte Kategorie, wie "Intelligenz" finden, die aber weder für die Teilnehmerauswahl, deren Kriterium mehr oder weniger feststand, noch für die Vorhersage ihres Lern"verhaltens" oder gar Lernerfolgs beim Erlernen einer Industrieroboter-Programmierung als sinnvoll erachtet wurde.

4.2 Die Lehrinhalte des Kurses

In Konsequenz der Kritik der Lernzielformulierung in der Pädagogik (Kap. 1.5), über die Verdoppelung des Lehrinhalts den mit einem Tätigkeitsverb versehenen Lehrinhalt als Lernziel zu konstituieren und über die Kategorie "Verhalten" den eigentlichen Inhalt, der vermittelt werden soll, das Wissen über einen Lehrgegenstand, in das mit Interdependenzen durchwirkte Beziehungsgefüge zwischen "Ausgangsverhalten" und "Endverhalten" des Lerners zu verbannen (siehe Abb. 4.1, Diener, Füller etc.), entschloß sich der Autor im Rahmen der Konstituierung der Lehrinhalte des Kurses auf "Lernzielformulierungen" zu verzichten und statt dessen einen Inhaltskatalog von den Wissens- bzw. Kenntnisbestandteilen zusammenzustellen, dessen Inhalte mit Hilfe der in Kap. 3.4.1, Erfassung der Qualifikationsanforderungen im IR-System, erwähnten Qualifikationsanforderungsanalyse ergründet werden sollten.

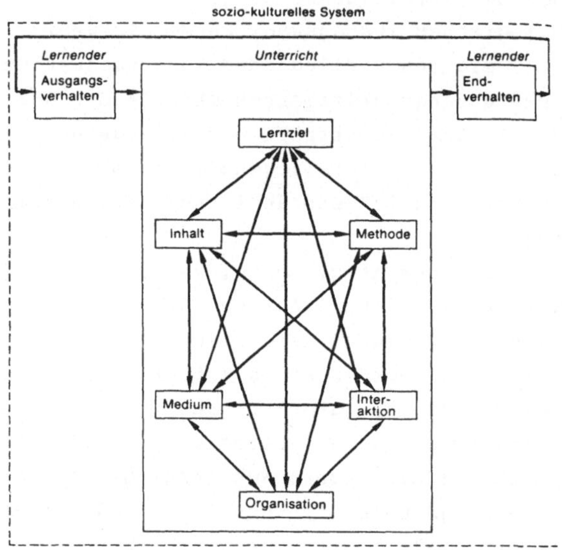

Bild 4.1: Strukturmodell des Unterrichts nach Petersen (Quelle: Diener, Füller et al., 1978, S. 122)

Der Lehrgegenstand war schließlich:

Teachen und Programmieren von zwei Industrierobotern verschiedenen Typs, nämlich ein 5-Achsen-Roboter mit Tastenprogrammierung mit Menütechnik und ein 6-Achsen-Roboter mit textueller Programmierung.
Das Programmieren der Industrieroboter schloß das Abteachen und Programmieren von Werkstücken zum Zwecke des korrekten Abschweißens (DIN 1910) der Nähte ein.

Es kam nun darauf an, die Qualität und Quantität des Wissens in einem Lehrplan zusammenzustellen, die zur Aneignung des definierten Gegenstandsbereiches vonnöten war.

Um das Kursziel zu erreichen, nämlich das korrekte Schweißen von definierten Blechen mit Hilfe der beiden IR-Systeme, war eine Integration mehrerer Kenntnisbereiche in die ganzheitliche Beherrschung beider IR-Systeme im Rahmen der gestellten Aufgaben nötig. Diese Kenntnisbereiche wurden durch Interviews und Beobachtungen mit Hilfe des Leitfadens zur Qualifikationsanforderungsanalyse, des Erhebungsleitfadens für geräte- und verfahrensbezogene Analysen, in einer Reihe von Selbstqualifizierungsmaßnahmen in IR- und Schweißtechnik und mit Hilfe einer Dokumentenanalyse der IR-Herstellerunterlagen entwickelt (vgl. Kapitel 3.4.1).
Um die verfahrens- und gerätebezogenen Anforderungen (vgl. Kapitel 3.4.2 und 3.4.3) auf einen konkreten - beispielhaften - Fall anzuwenden, wurde der Arbeitsablauf "Schweißen eines Werkstückes", einmal manuell ("Hand-Schweißen") zum anderen automatisiert ("IR-Schweißen") in die Elemente "Arbeitsaufgabe", "Arbeitstätigkeit" und "notwendige Kenntnisse" differenziert (vgl. Abb. 3.1, 3.2).

Als nächster Schritt wurden diese Kenntnisbereiche in übergreifende Lehrinhalte transformiert, wobei die konkreten Aufschlüsselungen der Kenntnisse nicht verloren gingen, sondern in die Konstruktion der Lehreinheiten bzw. sogenannten Lektionen einfloßen.

Die aus den Kenntnissen entwickelten Lehrinhalte lassen sich nun in einem groben Lehrinhaltskatalog darstellen, der sich nach vier Hauptbereichen unterscheidet:

1. Allgemeine Grundlagen der Industrieroboter-Technik

2. Bedienen und Programmieren von Industrierobotern/ Gerät 1

3. Bedienen und Programmieren von Industrierobotern/ Gerät 2

4. Schweißtechnische Grundlagen/Schweißen mit Industrierobotern

Bei der Gewichtung innerhalb dieser Bereiche und insbesondere zwischen diesen Bereichen, mußte insbesondere der Bereich Schweißen mit Industrierobotern einer genaueren Betrachtung unterzogen werden (vgl. besonders Kapitel 3.4.3 mit den Tabellen 3.1 und 3.2).

4.2.1 Der Lehrinhaltskatalog

Die vier erwähnten Hauptbereiche der Lehrinhalte gliedern sich in folgende Bestandteile auf:

1. Grundlagen der IR-Technik:
   - Arbeitssicherheit,
   - Aufbau und Funktion des Industrieroboters,
   - Antriebe,
   - Steuerung,
   - Koordinatensysteme,
   - Steuerungsarten,
   - Steuern und Regeln.

2. Bedienen und Programmieren von IR/Gerät 1 (12):
   - Das Robotersystem und seine Steuerung durch Programme (Grundzustände der Steuerung, Hilfsprogramme des Betriebssystems, das Prinzip der Programmerstellung mit dem Editor, Sprachaufbau der Programmiersprache etc.),
   - der Editor und die Editor-Kommandos,
   - Fahr- und Wartebefehle,
   - Unterprogramme,
   - Sprünge, Verzweigungen, Schleifen,
   - dreidimensionale Verschiebung von Raumpunkten (3-D-Verschiebung),
   - Teachen und Programmieren von Kreisen,
   - Ein-/Ausgangssignale,
   - Schweißparameterliste,
   - Nahtpendeln,
   - Einzelbefehle im Editor,
   - Testen von Ablaufprogrammen,
   - Laden und Speichern von Programmen,
   - weitere Kommandos auf der Betriebsystemebene.

3. Bedienen und Programmieren von IR/Gerät II (12):
   - Aufbau des IR-Systems (Industrieroboter, Steuerschrank, Positioniervorrichtungen, Schweißstromquelle),
   - Arbeitssicherheit,
   - die Inbetriebnahme des Roboters (Bedienfeld, Ein-/Ausschaltvorgang),
   - das Programmierhandgerät,
   - das Verfahren des Industrieroboters innerhalb der Koordinatensysteme,
   - das Programmieren des Industrieroboters (Dateneingabe, unterschiedliche Instruktionstypen, Automatikbetrieb),
   - spezielle Programmiertechniken (Kreisinterpolation, Nahtpendeln, dreidimensionale Verschiebung von Raumpunkten).

4. Schweißen mit Industrierobotern/Grundlagen der Schweißtechnik:
   - Grundbegriffe der Elektrotechnik (Kenngrößen des elektrischen Stroms, Wirkungsarten des elektrischen Stroms, der Stromkreis, das Ohm'sche Gesetz, Widerstände, Transformator),
   - der Lichtbogen (Stoßionisation, Feldemission, Thermoemission, Aufbau des Lichtbogens, Eigenschaften des Lichtbogens, die Lichtbogenkennlinie),
   - Anforderungen an Schweißstromquellen,
   - Anschluß von Schweißstromquellen,
   - Stromquellenkennlinien,
   - Metallschutzgasschweißen (Geräteaufbau, Bedienung des MSG-Schweißgerätes),
   - Einstellen des Arbeitspunktes,
   - Einfluß von Schutzgas und Drossel auf dem Materialübergang,
   - Nahtgeometrie,
   - Schweißnahtfehler (Risse, Poren).

Dieser umfangreiche Lehrinhaltskatalog ist als weiterer Schritt in einer hierarchischen Gliederung darstellbar:

Bild 4.2: Lehrinhaltskatalog

7. Instandhaltung

   Störungsbeseitigung
   Einfache Wartungstätigkeiten

6. Schweißen mit Industrierobotern

   Produktgemäße Wahl der Schweißparameter
   Gewährleistung der Produktqualität
   (Nahtbeurteilung - Fehlererkennung - Programmkorrektur)
   Schweißen von Übungsstücken

5. Programmieren II

   Erstellung kompletter Schweißprogramme
   Schweißtechnische Sonderbefehle (Pendeln, Nahtsuche...)
   Programmierung der Stromquelle
   Ansteuerung der Peripherie

4. Einrichtungen zum Lichtbogenschweißen mit Industrierobotern

   Eigenschaften von Schweißrobotern
   Programmierbare Stromquellen
   Positionier- und Spannvorrichtungen
   Hilfsmittel, Sensoren
   Geräteeinweisung
   Unfallschutz

↑

3. Programmieren I

   Programmierung von Industrierobotern
   (Tastenprogrammierung, Textuelle Programmierung)

2. Bedienung von Industrierobotern

   Verfahren der Achsen
   Geräteeinweisung
   Unfallschutz

1. Grundlagen

   EDV - Grundbegriffe
   Aufbau von Industrierobotern
   Schweißtechnische Grundlagen

4.2.2 Der "Stundenplan"

Ein weiterer Schritt der Gewichtung war die Transformation des Lehrinhaltskatalogs bzw. der einfachen hierarchischen Gliederung in einem umfangreichen, konkreten Stundenplan. Neben dem inhaltlichen Bereich der Lehrinhalte flossen in die Gestaltung des Stundenplans erste didaktisch-methodische Überlegungen zur Aufeinanderfolge der verschiedenen Lern- bzw. Lehrabschnitte ein.
Nach dem Grundsatz des verteilten Lernens (Clauß etc.) wurden die Hauptgegenstandsbereiche horizontal-parallel gegliedert, soweit es der sachlogisch-vertikale Aufbau zuließ. So folgte beispielsweise am ersten Tag nach den ersten "Kontakten" mit dem ersten Industrierobotersystem (Inbetriebnahme, Abschalten, Referieren, Not-Aus) noch eine Wiederholung in manuellem Schweißen und Nahtvorbereitung. Auch später wechselten sich Phasen des Unterrichts am Roboter bzw. an der Robotertheorie mit Aufarbeitungen der Elektrotechnik bzw. der Schweißtechnik ab.

Bild 4.3: Der Stundenplan des Modellkurses

QUALIFIZIERUNG AN SCHWEISSROBOTERN
2. Pilotkurs vom 28.1. bis 15.2.1985 in der SLV in Fellbach

1. Woche	MONTAG 28.1.	DIENSTAG 29.1.	MITTWOCH 30.1.	DONNERSTAG 31.1.	FREITAG 1.2.
7.30-8.15	Begrüßung, Formalia, Fragebogen, Betriebsbegehung; Film über IR-Anwendung	Wdhlg. Inbetriebnahme	Wdhlg. Teachen	Wiederholung Programmaufbau	Demonstration am Lichtbogenprojektor
8.15-9.00		PTP- und CP-Betrieb	Übungen am Kehlnahtmodell		
9.15-10.00	IR-Vorführung, Arbeitssicherheit	Verfahren des IR	Programmerstellung EDI; Insert	EDI-Kommandos	Verschleifen
10.00-10.45	Unfallschutz und -verhütung		Fahr-, Warte-, Pausebefehl, Übung	Übungen	Übungen
11.00-11.45	Inbetriebnahme, Abschalten	IR-Steuerung	Programmaufbau EXE	Schutzgas und Drosselwirkungen auf den Materialübergang	Unterprogramme
11.45-12.30	Referieren, NOT-AUS	IR-Hardware	Übungen		Übungen
13.15-14.00	Manuelles Schweißen incl. Nahtvorbereitung u. Vorbereitung man. Übungsstunden	Teachen üben	Elektrotechnik	manuelles Schweißen 5 mm w, h Kehl-, V-Naht	Vollkreis
14.00-14.45			Schweißstromquellen		Übungen
15.00-15.45	Manuelles Schweißen incl. Nahrvorbereitung u. Vorbereitung man. Übungsstunden	Teachen üben	Einstellen des Arbeitspunktes	manuelles Schweißen	
15.45-16.00				Vorbereitung der IR-Übungsstücke	
2. Woche	**MONTAG 4.2.**	**DIENSTAG 5.2.**	**MITTWOCH 6.2.**	**DONNERSTAG 7.2.**	**FREITAG 8.2.**
7.30-8.15	Stromquelle Cloos	Einführung Positionierer; EIA-Tester	Schweißnahtfehler I	Wdhlg. Cloos Aufbau ASEA	Teachen Einführung Menü
8.15-9.00	Elektrotechnik	Übungen		Inbetriebnahme	
9.15-10.00	Üben an transist. Schweißstromquelle	Sprungbefehl Programmverzweig.	Wdhlg. Pendeln	Einschaltzustände kartes. Koord.system	Programmaufbau Grundinstruktionen
10.00-10.45		Übungen		Übung im Verfahren	Übung Programmerstellung u. Abfahren
11.00-11.45	Einführung der Parameterliste	Zählschleife	Übungen "Pendeln"	Zylindr. Koord.-system; Kippschalt.	f - g Menü (aufrufen)
11.45-12.30		Übungen		Handgelenkkoord.-system; Kippschalt.	f - g Menü (verändern)
13.15-14.00	Übung Auftragschweißen mit dem IR	Nahtgeometrie	Übung "Pendeln" am Positionierer	Schweißnahtfehler II	f - g Menü Übungen
14.00-14.45					Automatik-Menü Zusammenfassung
15.00-15.45	Teilkreis mit Verschleifen	IR-Schweißen Übung	parallel: Speichern und Laden Master Programm	Transist. Stromquelle ESAB	
15.45-16.30	Übungen Auftragsschweißen	Kehlnaht am Positionierer		Üben Verfahren	
3. Woche	**MONTAG 11.2.**	**DIENSTAG 12.2.**	**MITTWOCH 13.2.**	**DONNERSTAG 14.2.**	**FREITAG 15.2.**
7.30-8.15	Wiederholung	Hand-Menü	Bewertung von Schweißverbindungen	Praktische Prüfung in Arbeitsgruppen	schriftliche Prüfung
8.15-9.00	Unterprogramme	Kreisinterpolation	Laborübung metallograph. Schliffe		
9.15-10.00	Erstellen von Schweißprogrammen	Übungen zur Kreisinterpolation	Wiederholung und Zufassung ASEA		Schriftl. Prüfung
10.00-10.45	Übungen		Wiederholung und Zusammenfassung Cloos		Abschlußgespräch
11.00-11.45	Erweiterung der Schweißprogramme (Warten, Sprung, Ausgang, Register)	Übung Kreis schweißen	Vorbereitung der Prüfstücke und Übungsstücke		Bekanntgabe der Ergebnisse
11.45-12.30					Verabschiedung
13.15-14.00	IR-Schweißen an ASEA/ESAB	Pendeln	Übungen Cloos und ASEA in Arbeitsgruppen		
14.00-14.45				parallel: Wartung, Sensorik	
15.00-15.45	IR-Schweißen an ASEA/ESAB	Pendeln Übungen	Übungen Cloos und ASEA in Arbeitsgruppen		
15.45-16.30					

4.3 Pädagogisch-didaktische Prinzipien des Kursaufbaus und angewandte Methodik

Unter Anknüpfung an Kapitel 1.5.4 - 1.5.7 wird im folgenden die konkrete Anwendung von Pädagogik im Kurs "QIR" beschrieben.

4.3.1 Pädagogischer Aufbau und methodische Strukturierung der Lehreinheiten

Um die im Kapitel 1.5.7 geforderte Genauigkeit der Darbietung von Algorithmen und Lernhilfen zu gewährleisten, müssen die beschriebenen einzelnen thematischen Blöcke der Lehrinhalte in einzelne Lehreinheiten zerlegt werden. Als Arbeitsbegriff für eine solche Lehreinheit soll der Terminus "Lektion" fungieren (Musterlektionen mit Lehrmaterialien siehe im Anhang).

Grundsätzlich umfaßt eine Lektion, als Material der Unterrichtsvorbereitung für den Trainer, eine Differenzierung des Lehrstoffes unter verschiedenen Gesichtspunkten, und zwar:

- nach der zur Verfügung stehenden Lehrzeit
- nach dem zu vermittelnden Lehrstoff
- nach der Ablaufstruktur des Unterrichts (Theorie-Praxis-Verhältnis, Trainingssequenzen etc.)
  und
- nach den verwendeten Hilfsmitteln.

Insbesondere der Unterrichtsverlauf mit den abschnittsweise integrierten Trainingssequenzen zur Verfestigung des dargebotenen Lehrstoffs ist dabei von großer Bedeutung. Nach Abarbeitung der "Orientierungsgrundlage" bzw. der

Orientierungsphase, die bei komplexeren Programm-Anforderungen eine mit Hilfsmittel unterstützte Theorievermittlung ist, folgen Phasen des sogenannten mental-verbalen Trainings:

Der Trainer fordert die Teilnehmer auf

- einen theoretischen Sachverhalt mit eigenen Worten zu wiederholen (Programmaufbau, Aufbau eines Befehls etc.) oder
- einen praktischen Vorgang laut dokumentierend zu begleiten (Verfahren der IR-Achsen mit Verfahrtasten oder Steuerknüppel).

"Training" heißt also nicht nur äußerliche, praktische Tätigkeit, sondern auch geistiges Training, permanente Aneignung, d.h. Begriffsbildung über einzelne Lehrgegenstände.

Wie bereits im Zusammenhang mit der Besprechung des Galperin'schen Modells erwähnt, hilft gerade die sprachliche Form das Denken in systematischer Weise anzuregen, als der Trainer sprachlich dokumentierte Denkschritte korrigieren oder weiterführen kann.

Auf der Seite der praktischen Tätigkeiten hat das unterstützende Kommentieren den Effekt, "trial and error-" Verhalten auszuschalten und den Lerner zu antizipativen Handeln anzuleiten.

So führt die permanente Überlegung, die in der Sprache kundgetan wird, beispielsweise darüber welche Richtung der IR verfährt, wenn ein Steuerknüppel in eine bestimmte Richtung gelegt oder gedreht wird, zu einer wesentlich schnelleren sensumotorischen Beherrschung der IR-Bewegungssteuerung, da dieses frühzeitige mentale Training nicht zu falschen, sondern zu den korrekten psychischen Automatisierungen bzw. Habitualisierungen bei den Teilnehmern führt.

In ähnlicher Weise ist bei mental-verbalem Training abstrakterer Sachverhalte die Gefahr der Bildung spontaner "Eselsbrücken" vermeidbar. Denn eine Eselsbrücke ist in der Phase des Begreifens immer Zeichen von (noch) nicht-begriffen-haben, von einem falschen oder zumindest unzweckmäßigen Algorithmus. Als Moment der Verfestigung bzw. der psychischen Automatisierung mag ein vereinfachtes Modell eines komplexen Gegenstandes als Gedächtnisstütze zweckmäßig sein. Ob auf diesem Modell weiteres Wissen aufgebaut werden kann, hängt jedoch von der Qualität dieses Modells ab: Ein Modell aus begriffenem Wissen ist quasi aktivierbar, es kann auf Einzelheiten zurückgegriffen werden, an Sachverhalten angeknüpft werden, die der Teilnehmer abstrahierend mit dem neuen Wissen in Zusammenhang bringen kann (vgl. Kap. 6.1).

Um den hier beschriebenen Prozeß der Wissensaneignung zu unterstützen, sollte auf den Einsatz von methodischen Hilfsmitteln zurückgegriffen werden. Wie in Kap. 1.5.6 dargelegt, ist Wissen immer an Zeichen gebunden. Anstelle des Worts können auch visuelle Darstellungen Verwendung finden. Visuelle Darstellungen haben dabei grundsätzlich zwei Funktionen:

1. Verdeutlichung eines abstrakten Sachverhalts durch Analogien.
   Zum Beispiel ist eine vektorielle Funktion schneller begreifbar, wenn die vektoriellen Linien aufgezeichnet oder gar am Industrieroboter selbst dargestellt werden.

2. Einprägung von Sachverhalten durch bildliche Erinnerung.
   Hier hat übrigens auch das geschriebene Wort (Tafelanschrieb, Overhead-Projektor) als "Merkzeichen" seine Bedeutung.

Wichtig ist hierbei aber nicht nur das Aufnehmen visualisierter Wort-Zeichen, sondern auch die eigenständige Produktion von Worten. Auch hier ist eine ähnliche Wirkung wie bei der Verbalisierung festzustellen:

Die Verpflichtung schriftlich zu "denken" erleichtert das systematische, kontrollierbare Denken und damit das Begreifen.

Um diesen Prozeß zu nutzen, sind eine Reihe in der Pädagogik durchaus bekannter Unterrichtsmittel auch bei der Erwachsenenbildung anzuwenden.

Bild 4.4: Bereiche der Unterrichtstechnologie (Quelle: Bonz)

BEREICHE DER UNTERRICHTSTECHNOLOGIE

Demonstrationstechnologie		Instruktionstechnologie
Nicht-projizierte Unterrichtshilfen	Apparativ präsentierte Lehrhilfen	
Wandtafel Hafttafel/Stellwand Bildtafel Anschauungsgegenstände Modelle Produkte Räumliche Darstellungen Tabellen und graphische Darstellungen Karten Bilder/Abbildungen Reproduktionen Lehrbücher	Bildvorlagen Klarsichtfolien Tonfilme Video-Aufzeichnungen	Arbeits- und Übungsmittel Schülerhefte/-materialien Übungsgeräte Mechanische Lehrgeräte

Die hier verwandte Auflistung ist eine selektive Übernahme aus: Bonz (1976)

Die Anwendung dieses Unterrichts verdeutlicht beispielhaft die Lektion "Einführung in das Nahtpendeln" (vgl. Anhang).

4.3.2 Das Unterrichtsgespräch

Neben der Abfolge von Theorie-Praxis-Sequenzen, den methodischen Hilfsmitteln und der didaktischen Inhaltsplanung ist das verbindende Element und der "rote Faden" das Unterrichtsgespräch zwischen Trainer und Teilnehmern. Im folgenden soll das Unterrichtsgespräch genauer untersucht werden, da sich gerade in diesem Bereich während des Modellkurses die größten Anfangsschwierigkeiten ergeben haben.

Bei der sprachlichen Gestaltung des Unterrichts läßt sich nach Clauß, Guthke, Lohse (1976, S. 106 f.) in die

- monologische und
- dialogische

Methode unterscheiden. Während die monologische Methode es dem Trainer erleichtert, systematisch und zeitökonomisch die notwendigen Kenntnisse zu vermitteln und den geplanten Unterrichtsverlauf zu realisieren, wird bei der dialogischen Methode das aktive Denken beansprucht und gefördert. Die Teilnehmer werden veranlaßt sich klar und sprachlich richtig zum Unterrichtsgegenstand zu äußern. Besonders gezielte Fragen, die auf Antworten der Teilnehmer aufbauend den Gegenstand entwickeln sind zweckmäßig. Gerade die Zuwendung zu einzelnen "schweigsamen" Teilnehmern in einer lernvoraussetzungsmäßig eher heterogenen Gruppe ist durch Fragen möglich.

Nach Klingberg (1974) können drei Formen der dialogischen Methode unterschieden werden:

a der dogmatische Frageunterricht

b das Unterrichtsgespräch, in dem sich verschiedene Teilnehmer zu einer Frage des Trainers äußern

c das korrigierende bzw. weiterführende Eingreifen des Trainers in eine Diskussion bzw. Kontroverse zwischen den Teilnehmern.

Folgende Grafik verdeutlicht dies:

Bild 4.5: (Quelle: Clauß, Guthke, Lohse, S. 92)

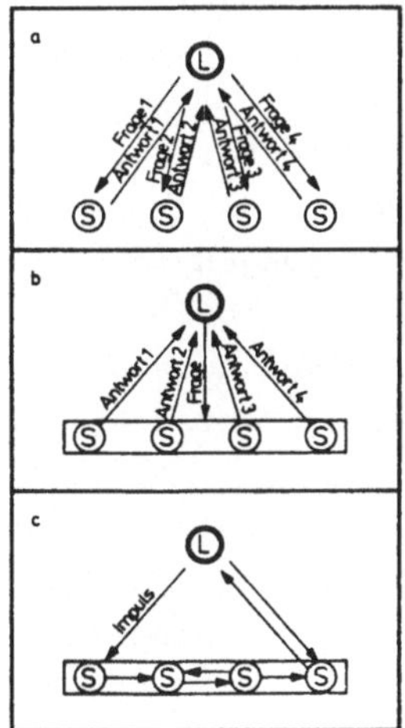

Je nach Situation während des Kurses wird eine Kombination aller drei Methoden notwendig sein.

Als wichtige Funktion des Trainers bei der sprachlichen Unterrichtsgestaltung ist allerdings noch der Impuls als didaktisches Steuerungsmittel des Lernprozesses von großer Bedeutung. Man kann allgemein zwischen

- sprachlichen und
- mimisch-gestischen

Impulsen unterscheiden.

Ein Beispiel für sprachliche Impulse geben Clauß et al (1976): Der Trainer

"o Setzt Schwerpunkte ("das wollen wir beweisen")
o akzentuiert wichtige Stellen im Vortrag ("achten Sie auf folgendes")
o hebt im Unterricht Wesentliches hervor ("fassen wir zusammen")
o führt zu neuen Überlegungen (" da bin ich anderer Meinung")
o aktiviert zur Lösung von Aufgaben ("erinnern Sie sich an unseren letzten Versuch")" (a.a.O. S. 90).

Die mimisch-gestischen Impulse haben dagegen insbesondere die Funktion der permanenten nicht-sprachlichen Rückmeldung bzw. der Unterstützung der sprachlichen Lehrtätigkeit.

Zusammenfassend ist zu bemerken, daß Trainer letztenendes nicht umhinkommen, sich solche Art "praktische" Methodik und Didaktik anzueignen, wenn der Interaktionsprozeß Trainer-Teilnehmer auch das ist, wozu er gedacht ist: Transportmedium des zu vermittelnden Wissens.

5 Die Auswertung des Modellkurses "Qualifizierung an Industrierobotern"

Der Auswertung der beiden Pilotkurse lagen Beobachtungsdaten von den am Unterricht anwesenden Beobachtern und filmisch dokumentierte Statements und Diskussionen der Teilnehmer zugrunde.

5.1 Qualitative Beobachtungen des Verhaltens der Teilnehmer

Die Beobachtung der (wechselnden) "Unterrichtsevaluatoren" bezog sich auf die Kriterien:

- Aufmerksamkeit,
- aktives Mitmachen,
- Zusammenarbeit,
- Fehlerhäufigkeit,
- Spracheinsatz,
- Lern- und Arbeitsstil.

a) Aufmerksamkeit

Die Dimensionen dieser Variablen waren:

- o passives Dabeisein, (Häufigkeit der Blickkontakte zum Lehrer, Aufnehmen der materialbezogenen Anregungen durch den Trainer)
- o konzentriertes Zuhören und Zuschauen,
- o geringe oder keine Ablenkung durch Geschehen, das nicht unmittelbar zum Unterricht zu zählen ist.

b) aktives Mitmachen

Diese Variable war eine Einschätzung der Beobachter bezüglich der Beteiligung am Unterrichtsgespräch und an praktischen Übungen.

c) Zusammenarbeit

Mit dieser Variablen ist die Zusammenarbeit zwischen den Teilnehmern bei der theoretischen und praktischen Lösung von Problemen bewertet.

d) Fehlerhäufigkeit

Als Fehler wurde das Vorkommen falscher Antworten, Aussagen und praktischer Handlungen am Industrieroboter während der Trainingsphasen bezeichnet. Die Einschätzung der Fehlerhäufigkeit geschah unabhängig vom Kursverlauf, wodurch sowohl ein Gesamtverlauf der Fehlerentwicklung als auch die individuellen "Fehlerkurven" ermittelt werden konnten (diese Fehlerkurven flossen allerdings nicht in die Bewertung der Abschlußprüfungen ein!).

e) Sprachverhalten

Hier wurde insbesondere die Quantität der sprachlichen Artikulation der einzelnen Teilnehmer bewertet. "Sprachverhalten" umfaßte Fragen, Statements, Antworten und die Befolgung des auferlegten verbalen Trainings.

f) Lern- und Arbeitsstil

Die Dimensionen dieser Variablen waren

- unsystematisch-zufälliger Arbeitsstil ("trial and error"),
- systematisch antizipativer Arbeitsstil,
- Mischform zwischen beiden.

Die Beobachtungen hinsichtlich dieser Fragestellung fanden schwerpunktmäßig während Problemlösungen praktischer wie theoretischer Art statt.

Beobachtungskriterien waren die Benutzung und die Art und Weise des Umgangs mit zur Verfügung gestellter Lernmaterialien (Handbücher, Arbeitsblätter, Merkblätter etc.) und die Art und Weise der praktischen Handlungen (beispielsweise probierendes versus antizipatives Betätigen des Steuerknüppels beim Verfahren des Industrieroboters).

Es ist darauf hinzuweisen, daß die genannten Variablen in qualitativen Beobachtungen ermittelt wurden. Die Kriterien waren zwar intersubjektiv festgelegt, stellten aber keine streng quantitative Auswertung im Sinne von <u>reinen</u> Häufigkeitszählungen isolierter Merkmale dar, sondern es flossen durchaus die unter den Evaluationen gemeinsam gebildeten Urteile mit ein.
Trotz alledem ist aus den folgenden Grafiken (Bilder 1 - 13) durchaus eine Tendenz bezüglich des verwendeten didaktischen und methodischen Inventars abzuleiten.
Diese Tendenz bestätigte sich in weiteren vom Autor durchgeführten Schulungen, so daß von einer Gesamtstichprobe von ca. 40 Personen ausgegangen werden darf.

(Bild 1) AUFMERKSAMKEIT Tages (O) - und Wochendurchschnitt (•) aller Teilnehmer

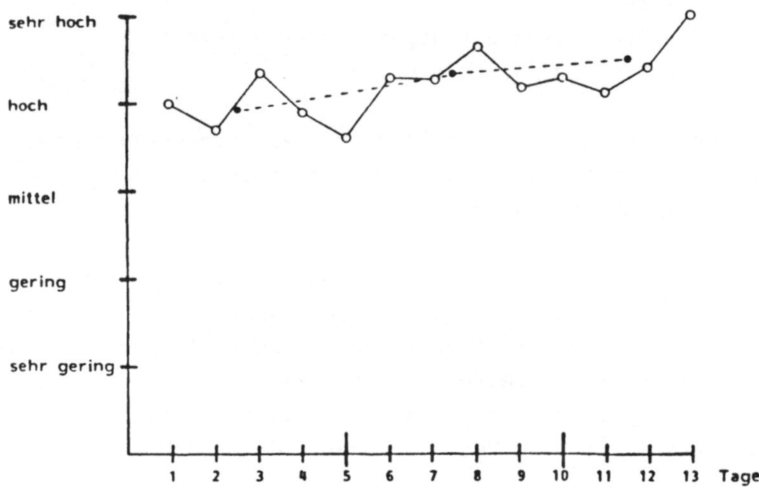

(Bild 2) AUFMERKSAMKEIT

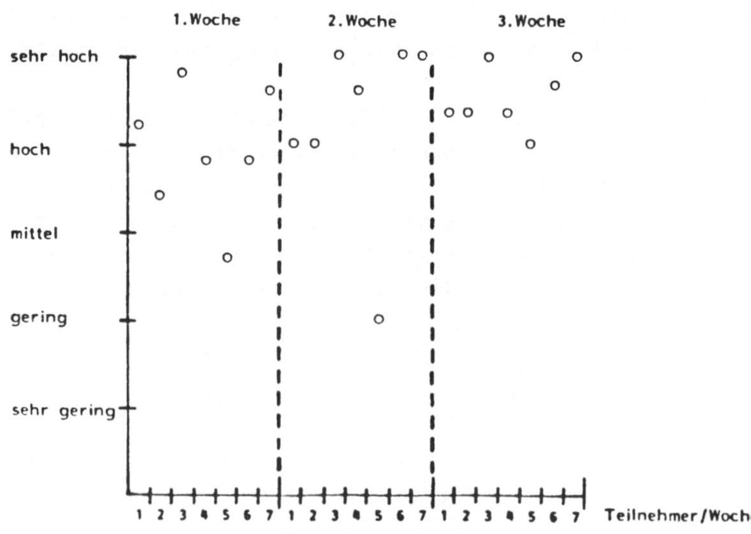

Wochendurchschnitt pro Teilnehmer

(Bild 3) AUFMERKSAMKEIT Veränderung des Wochenschnitts je Teilnehmer

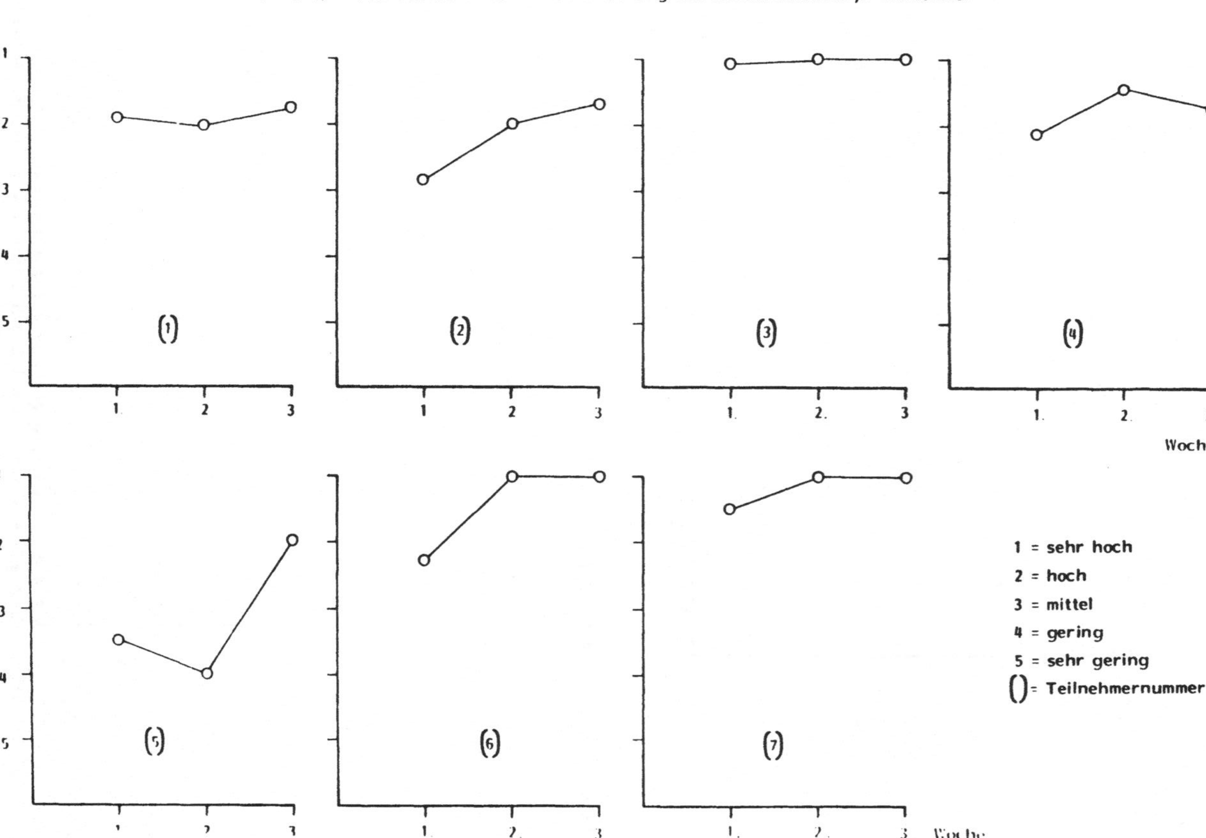

(Bild 4) AKTIVES MITMACHEN Tages (O)- und Wochendurchschnitt (•) aller Teilnehmer

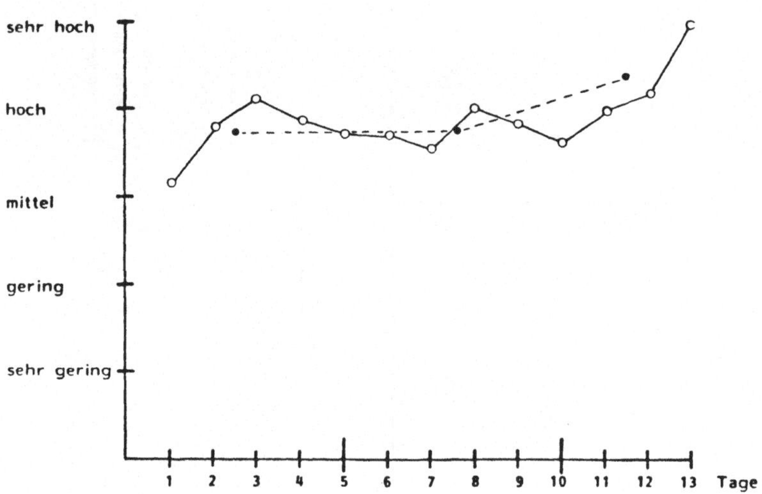

(Bild 5) AKTIVES MITMACHEN

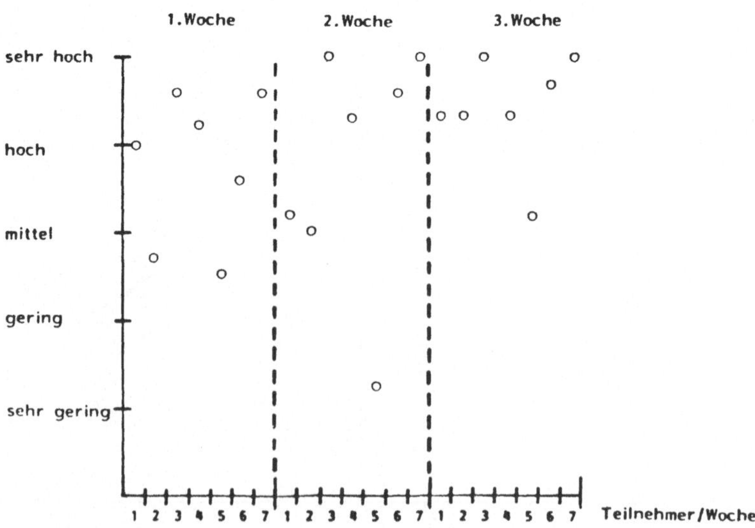

Wochendurchschnitt pro Teilnehmer

(Bild 6) AKTIVES MITMACHEN - Veränderung des Wochenschnitts je Teilnehmer

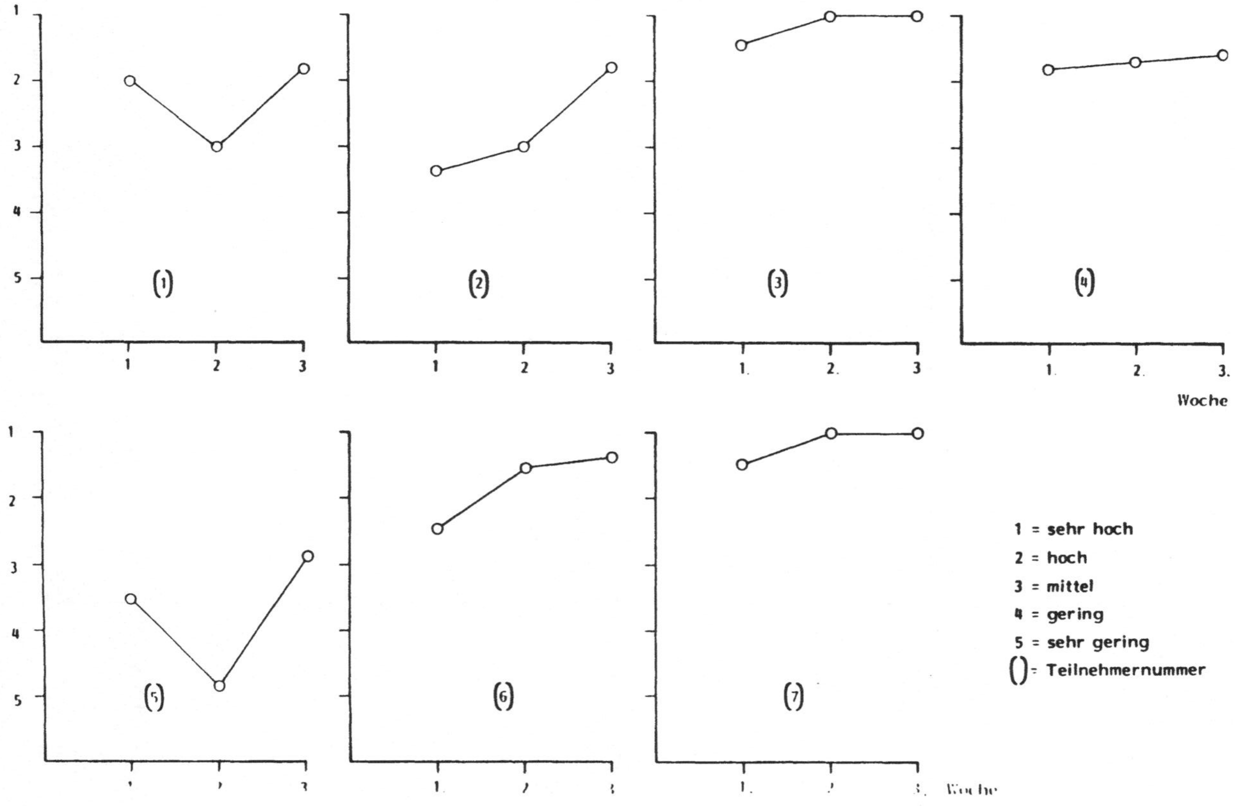

(1) (2) (3) (4)

(5) (6) (7)

Woche

1 = sehr hoch
2 = hoch
3 = mittel
4 = gering
5 = sehr gering
( ) = Teilnehmernummer

(Bild 7) FEHLERHÄUFIGKEIT Tages (O)- und Wochendurchschnitt (•) aller Teilnehmer

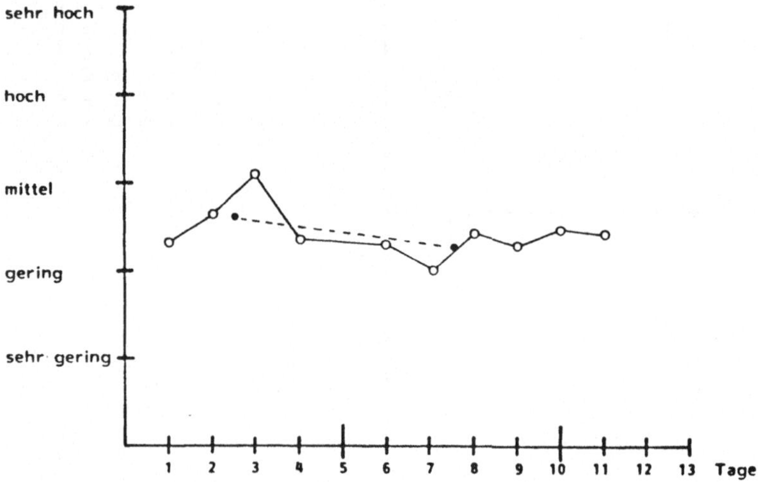

(Bild 8) FEHLERHÄUFIGKEIT

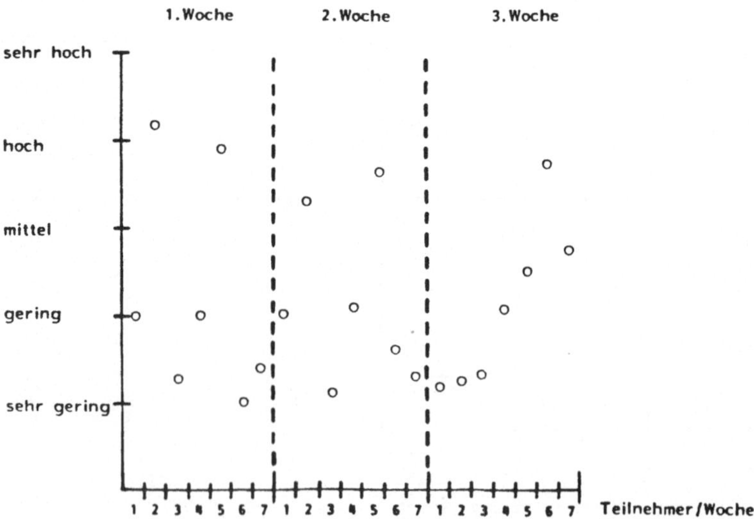

Wochendurchschnitt pro Teilnehmer

(Bild 9) FEHLERHÄUFIGKEIT - Veränderung des Wochenschnitts je Teilnehmer

(Bild 10) SPRACHVERHALTEN Tages (O)- und Wochendurchschnitt (•) aller Teilnehmer

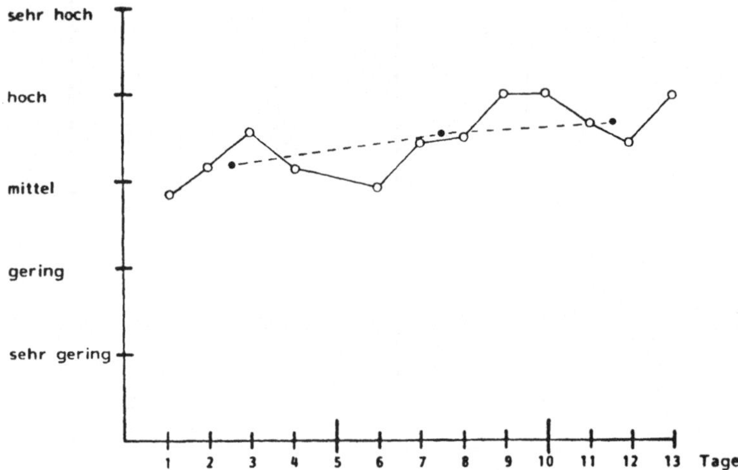

(Bild 11) SPRACHVERHALTEN

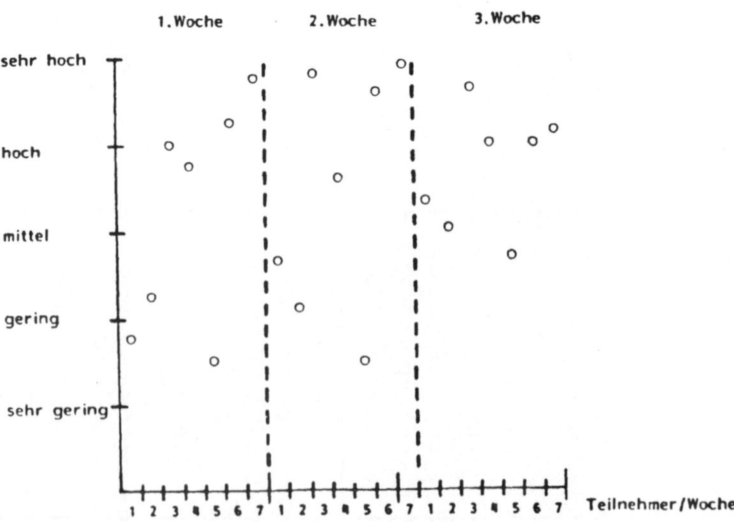

Wochendurchschnitt pro Teilnehmer

(Bild 12) ZUSAMMENARBEIT Tages (O)- und Wochendurchschnitt (•) aller Teilnehmer

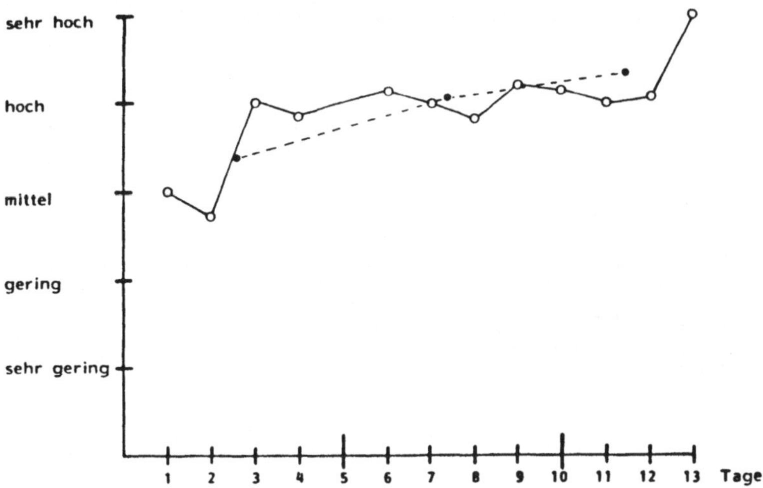

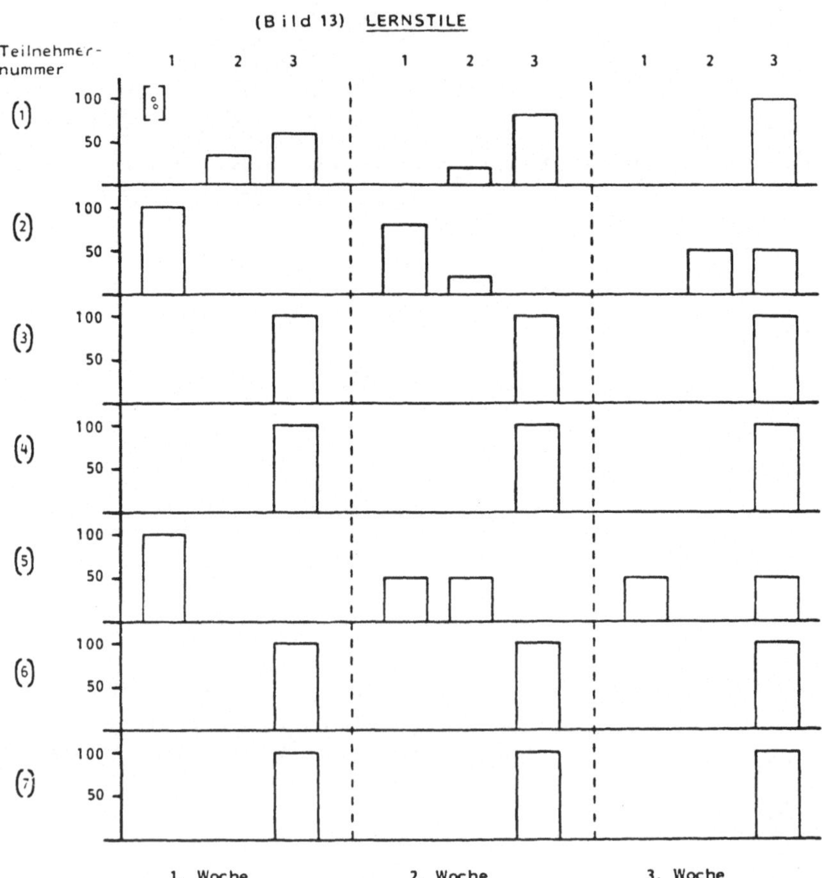

Häufigkeit beobachteter Lernstile pro Woche und Teilnehmer

Lernstil 1 = unsystematisch - zufällig
2 = sowohl 1 als auch 3
3 = systematisch - antizipativ

5.2 Interpretation der Beobachtungen unter Berücksichtigung der Teilnehmeräußerungen

Es ist deutlich eine Steigerung der Aufmerksamkeit und Aktivität der Teilnehmer festzustellen, trotz relativ schwieriger Lehrinhalte, unterschiedlicher Anfangsmotivation und qualifikatorischer Vorbildung der Teilnehmer. Dies ist auch im Zusammenhang mit Äußerungen der Teilnehmer zu sehen, sie wären in und durch den Kurs bis an die Grenzen ihrer Leistungsfähigkeit gefordert worden.
Eine Leistung des Kurses hinsichtlich dieser beiden Variablen war damit, die Heterogenität der Teilnehmer (Lernvoraussetzungen, Ausgangsqualifikationen, Stellung im Betrieb) in Maßen überwunden zu haben.

Dies läßt sich auch an der Fehlerhäufigkeit zeigen, besonders wenn berücksichtigt werden muß, daß nach einer Woche ein neues Industrieroboter-System eingeführt wurde (vgl. Stundenplan Kap. 4.2.3). Bestätigt wurde diese Tendenz durch die Ergebnisse der Prüfung, die alle Teilnehmer (mit Ausnahme eines Teilnehmers) sowohl theoretisch als auch schweißtechnisch bestanden haben. Bei der schweißtechnischen Prüfung ist allerdings anzumerken, daß diese nur in Anlehnung an die manuelle Schweißerprüfung (B I) bewertet werden konnte, da bis zu diesem Zeitpunkt noch keine offizielle Prüfungsverordnung des Deutschen Verbandes für Schweißtechnik hinsichtlich Industrieroboter-Schweißen bestand.

Der Anstieg der Variable "Sprachverhalten" ist insofern von Bedeutung, als gerade die Teilnehmer selbst bekundeten, daß ihnen die sprachliche Formulierung, das Aussprechen des Lernstoffes geholfen hat, diesen zu behalten und zu verarbeiten.

Man kann tendenziell also die Hypothese bestärkt sehen, daß der Einsatz sprachunterstützender Trainingsverfahren die Lernleistung positiv beeinflußt.

5.3 Zielgruppenspezifische Leistungsunterschiede

Trotz der beschriebenen Angleichung der unterschiedlichen Ausgangspositionen der Teilnehmer mußten jedoch zwischen den Teilnehmern gewisse Leistungsunterschiede festgestellt werden.
So war ein wichtiges Ergebnis, das die lern- und aufnahmefähigste Gruppe diejenige der jungen Industriefacharbeiter mit kurz zurückliegendem Lehrabschluß war.
Dabei war weniger der fachliche Aspekt, also eventuell bereits vorhandenes Wissen über Elektronik, Schweißverfahren etc. ausschlaggebend, sondern die Gewohnheit, sich schneller auf neue Anforderungssituationen einzustellen und auch bei stetiger Anforderung ein hohes Maß an Aufmerksamkeit und Konzentration aufzubringen.
Schließlich mag auch die Bereitschaft dieser Altersgruppe sich verbal zu artikulieren, das verbale Training auch tatsächlich zu absolvieren ohne sich "komisch" vorzukommen, eine Rolle gespielt haben.

Es muß darauf hingewiesen werden, daß nicht die rein formale Ausgangsqualifikation (Meister, Angelernter, Facharbeiter, Ingenieur) Garant für positives bzw. negatives Lernverhalten ist, sondern vielmehr die Stellung der Personen in ihrer betrieblichen Praxis hinsichtlich der Anforderungen an ihre Flexibilität (mental wie äußerlich) und eine gewisse "Unverbrauchtheit" der persönlichen Ressourcen ("Herz, Hirn, Muskel, Nerv ...", vgl. Marx, K., S. 58) von entscheidender Bedeutung für den Erfolg von solchen Qualifizierungen ist.

Allerdings muß bemerkt werden, daß dies keine Absage an die "Lernfähigkeit" älterer bzw. unqualifizierterer Arbeitnehmer als quasi naturgegeben abnehmend ist, vielmehr muß Kritik an der Art des Einsatzes solcher Arbeitskräfte geübt werden:

Wenn der Arbeitsprozeß nur aus physischer Verausgabung besteht und der Einsatz des Verstandes nur dem Aushalten dieser Belastung gewidmet werden muß, ist ein Verbrauch der mentalen Ressourcen unumgänglich, als sich diese gerade durch die permanente Betätigung des Geistes im Sinne einer Lösung immer wieder neuer Anforderungen erhalten. Ein gutes Beispiel stellen oft sehr alte Menschen in Politik, Wirtschaft und Hochschule dar, bei denen im Pensionsalter kaum von abnehmender mentaler Leistungsfähigkeit gesprochen werden kann (vgl. hierzu: H. Skowronek: Lernpsychologische Forschung zum Erwachsenenalter, in Siebert, H., 1979, S. 286 - 307).

6 Die Übertragbarkeit des Modellkurses auf andere Geräte, Verfahren und Technologien

Das Problem der Übertragbarkeit von Piloterprobungen auf dem Qualifizierungssektor in Zusammenhang mit bestimmten Technologien liegt in der

- technischen Spezifik der einzelnen Geräte und der
- Spezifik der jeweiligen Anwendungsverfahren, ebenso wie in dem
- Innovationswillen bezüglich der Umsetzung neuer Konzepte.

6.1 Gerätespezifische Transfermöglichkeiten

Im Gegensatz zur CNC-Technik (vgl. DIN 66025 "Programmaufbau für numerisch gesteuerte Werkzeugmaschinen", Blatt 1 - 4) ist auf dem Robotersektor noch keine Vereinheitlichung der Mensch-Maschine-Schnittstellen, der Programmiersprachen oder der Programmierarten vorhanden.
Wie in Kapitel 2 dargelegt, läßt sich zwar eine gewisse Einteilung der Steuerungen in Gruppen vollziehen, jedoch sind die einzelnen Geräte dieser Gruppen untereinander mitunter sehr unterschiedlich aufgebaut.
Beispiele solche Unterschiede sind Tastenfunktionen, Tastenbenennungen, Aufbau, Struktur und nationalsprachlicher Aufbau von Programmiersprachen. Gerade aus diesem Grunde wurde im beschriebenen Modellkurs je ein Exemplar von Robotern mit den beiden wichtigsten bzw. zukunftsweisenden Programmiertechniken, nämlich der Tastenprogrammierung mit Menue-Technik und der textuellen Programmierung ausgewählt.

Während des Kurses zeigte sich, daß - am Beispiel der beiden verwendeten IR-Typen - bezogen auf den Grundlagenteil durchaus Übertragungsmöglichkeiten bestanden. Beispiele für einen positiven Transfer waren:

- die EDV-Grundlagen (Aufbau der IR-Steuerung),
- einfache elektrische Grundprinzipien wie "Ausgang" und "Eingang",
- der grundsätzliche hardware-mäßige Aufbau von IR (Begriff der Achse, des Bauteils, des Bewegungsraums etc.),
- das Bewegen des Industrieroboters im Koordinatensystem,
- Aspekte der Arbeitssicherheit (Schutzvorrichtungen, Nothalt etc.),
- grundlegendste Logik von "Programm" mit den Prinzipen der
  - o "Sturheit" der IR-Steuerung bei der kodierten Eingabe und der automatischen Abarbeitung,
  - o Ordnung im Aufbau der Instruktionen.

Schwieriger wurde die Übertragbarkeit der zur Programmierung eines Systems notwendigen speziellen Vorschriften und Vorgehensweisen. So setzt sich beispielsweise die Eingabeprozedur des "Pendelns einer Schweißnaht" bei dem verwendeten System der textuellen Programmierung aus fundamental anderen Befehlen (als Funktion und nicht als kodierte Form der Eingabe betrachtet) zusammen, als beim verwendeten System der Tastenprogrammierung mit Menue-Technik.
Allerdings ist neben dem allgemeinen Effekt der gesteigerten Aufmerksamkeit und Lernfähigkeit durch die eingesetzten Methoden (vgl. Kap. 5) und den Gewöhnungseffekt an die Anforderungsvielfalt auch auf den Bereichen speziellerer Programmiertechniken ein Transfereffekt zu beobachten:

Nach dem induktiven Lernprozeß des ersten Systems durch die Teilnehmer konnten diese aus der nun gewonnenen allgemeinen Bestimmung des Gegenstands (beispielsweise das Prinzip, daß Programmanfang und Programmende speziell gekennzeichnet werden bzw. eigene Strukturen aufweisen müssen) wiederum einen deduktiven Urteilungsprozeß ableiten, nämlich die vergleichende Anwendung dieser verallgemeinerten Prinzipien auf das neue einzelne, konkrete System.

Voraussetzung dafür war aber, daß der Prozeß der Induktion beim Lernen relativ abgeschlossen sein mußte: war der Gegenstand begriffen, d.h. aus seiner einzelnen, zufälligen Bestimmtheit in einen allgemeinen Oberbegriff ("Superzeichen") transformiert und ging dies mit einer Geübtheit im praktischen Umgang mit dem Industrieroboter zusammen, so war die deduktive Leistung von seiten des Lerners beim zweiten System leichter zu erbringen. Teilnehmer, die das erste System dagegen kaum begriffen hatten, scheiterten anfangs beim zweiten System und reagierten hilflos mit ziemlicher Konfusion oder aber sie vergaßen kurzer Hand das erste System.

Um diesen beschriebenen Transfereffekt auch kursübergreifend zu nutzen, müssen einige Prinzipien der Lernpsychologie berücksichtigt werden:

- das Anknüpfen am Wissenbestand der Teilnehmer durch
- bewußte Wiederholung des Deduktionsprozesses durch das Zurückrufen ins Gedächtnis der einzelnen "Bestimmtheit" eines bereits verallgemeinerten Sachverhalts.

Dies setzt allerdings eine genaue Kenntnis des Wissensbestands der Teilnehmer durch den Trainer voraus. Für Trainingspraktiker der IR-Hersteller hat dies zur Folge, sich vor dem angesetzten Kurs über Qualifikation, Kenntnisstand und Arbeitstätigkeit der Teilnehmer aus den zukünftigen Anwenderbetrieben durch Nachfragen in den Betrieben ein Bild zu machen.

Je mehr Grundprinzipien der neuen Technologien auch "normalen" Produktionsarbeitern bereits in der schulischen

Ausbildung, der Berufsausbildung und auch in der innerbetrieblichen Weiterbildung vermittelt werden, umso größer ist die Anknüpfungsmöglichkeit bezogen auf neue Lerngegenstände.

Beispielhaft ist in diesem Zusammenhang die Integration neuer Technologien in den sogenannten polytechnischen Unterricht bei Auszubildenden in der DDR (Lehrinhalte sind: Datenverarbeitung, Elektrotechnik, Elektronik, Betriebs-, Meß-, Steuerungs- und Regeltechnik) und die technologiebezogene Weiterbildung in sogenannten Betriebsakademien, an denen die Arbeitnehmer verpflichtet sind teilzunehmen.

Allerdings muß die andere wichtige Voraussetzung - neben der der Bildungsinhalte - erfüllt sein: die ausreichende pädagogische Qualifizierung der Trainer (vgl. hierzu Kap. 6.3).

6.2 Verfahrensspezifische Transfermöglichkeiten

Die verfahrensspezifische Anwendung eines Roboters läßt sich - soweit es sich um Werkstückhandhabung handelt - relativ leicht auf andere Verfahren übertragen (Montage, Handling). Die Schwierigkeit des Transfers hier wird ebenfalls mehr unter der in 6.1 beschriebenen Problematik zu suchen sein, als viele Betriebe mehrere IR-Systeme in Anwendung haben und bei Personalumsetzungen die Arbeitnehmer mit anderen IR-Systemen konfrontiert wird.

Was die Werkzeughandhabung betrifft und hier vor allem das Schweißen und Lackieren, so konnte der an einem Verfahren, nämlich dem MAG-Schweißen mit Industrierobotern praktizierte Modellkurs überzeugend die Notwendigkeit verfahrensspezifischer Kenntnisse beweisen. Ob allerdings ein IR-Schweißer das IR-Lackieren schneller lernt, kann bezweifelt werden, soweit es sich auf das Arbeitsprodukt, die optimal gelegte Lackschicht, bezieht. Denn gerade hier ist die Verfahrenskenntnis sehr spezifisch und läßt kaum Transfermöglichkeiten, beispielsweise vom Bahnschweißen, zu.

Zusammenfassend kann gesagt werden, daß eine Übernahme bzw. Weiterentwicklung des hier vorgestellten Modellkurses an den technologischen Grundlagen des Roboters wie sie im Lehrinhaltskatalog im Paket "Grundlagen" und im Paket "Bedienung von Industrierobotern" niedergelegt sind, anzugehen wäre.
Die Lehrmethodik dagegen kann, ja muß in den geschilderten Vorgehensweisen, Voraussetzung für jede Qualifizierung in neuen Technologien und damit für jeden Trainer sein. Eine Transfermöglichkeit besteht hier in der Nutzung der Multiplikatorenfunktion von Trainerschulungen.

6.3 Die Trainerschulung als Multiplikator neuer Qualifizierungstechniken

Im Rahmen des Modellkurses wurde aus o.g. Gründen auch eine Trainerschulung für die am Projekt beteiligten Firmen abgehalten.
Im folgenden sollen die grundlegenden Aspekte einer solchen Trainerschulung verdeutlicht werden, um für Forschung und Praxis die Diskussion über die Praktizierung solcher Konzepte für andere Techniken und Technologien abzuwägen:

Ziel der Trainerschulung soll sein, die teilnehmenden Trainer über die

- Grundzüge der Didaktik und Methodik und über
- lernpsychologische Grundlagen

so zu instruieren, daß sie nach der Schulung in der Lage sind, die vor allem ihnen selbst gut bekannten Lehrinhalte selbständig zu strukturieren und sie adressatengerecht zu vermitteln.

Voraussetzung dafür ist die Unterweisung der Trainer hinsichtlich Trainingsform und Lehrstil.
Eine zweckmäßige Herangehensweise ist als Erstes: die Stellung von Aufgaben an die Trainer, ausgewählte Gebiete aus ihrem üblichen Unterweisungsrepertoire den anderen Teilnehmern, die dem Gegenstand nicht mächtig sind, so zu vermitteln, daß diese in der Lage sind, dadurch den Lerngegenstand auch zu verstehen. Diese Art "Rollenspiel" wird dadurch intensiviert, als den "Rezipienten" der Wirklichkeit entlehnte "Schülerrollen" zugeordnet sind.
Unterstützendes Analysemedium ist die Aufzeichnung der

Lehrsequenzen durch eine Videoanlage. Weiterhin protokollieren Beobachter entlang von Bewertungskriterien mit, die später zusammen in der Gruppe diskutiert werden.

Solche Kriterien können sein hinsichtlich der

- Trainingsform:
  - o das Verhältnis Theorie-Praxis
  - o die Aufeinanderfolge von Theorie-Praxis
  - o die Orientierung der Lerner (was soll gelernt werden)
  - o die Gliederung der Unterrichtsstunden
  - o der Wechsel der Unterrichtsmethodik (Vortrag, vormachen und sprechen, Aktivitäten der Lerner, Übungen mit/ohne Aufgabenbenennung)
  - o die Aktivierung der Teilnehmer
  - o die angewendeten Lernprinzipien ("Ganzlernen" versus "Teillernen")

- Lehrstil:
  - o Einbindung der Lerner durch Gruppengespräche/ Frage-Antwort-Sequenzen
  - o Tempo der Darbietung
  - o Niveau der Darbietung (intellektuelle Anforderungen)
  - o Sprechweise des Trainers
  - o Erzeugen von Aufmerksamkeit

Die Diskussionsergebnisse werden dann in systematischer Weise in eine theoretische Unterweisung der Trainer bezüglich

- einer korrekten Unterrichtsvorbereitung (Strukturierung des Lehrstoffs etc.) und
- einer sachgerechten Anwendung pädagogisch-psychologischer Methoden (inklusive der Grundlagen des mental-verbalen Trainings) eingearbeitet.

Mit diesem Konzept konnte der Autor in Zusammenarbeit mit einem anderen Supervisor beachtliche Erfolge erzielen:

a) Die Evidenz der eigenen Fehler, über das Medium Video und die z.T. überspitzt vorgetragenen Rollen ans Tageslicht gebracht, war eindeutig.

b) Die Motivation, die angebotenen Methoden zu nutzen, war ausgesprochen groß.

c) Am Ende des Trainer-Kurses vorgetragene Lehreinheiten mit dem neuen Methodenrepertoire waren um vieles transparenter und durchdachter.

Wichtiger Bestandteil solcher Trainerschulungen sollte außerdem die kritische Durchsicht der vorhandenen Lehr- und Lernunterlagen nach pädagogisch-didaktischen Gesichtspunkten sein, soweit solche Unterlagen überhaupt existieren.

Inwieweit ein so geartetes Konzept das Problem des Transfers pädagogisch-psychologisch durchdachter Modellschulungen in Richtung der anwendenden industriellen Praxis löst, wird sich in Zukunft zeigen.
Allerdings wäre es unzureichend solche Schulungskonzepte getrennt von der Zielgruppenproblematik, wie sie im Kapitel 3 aufgezeigt wurde, zu sehen. Aller pädagogischer Sachverstand und psychologisches Einführungsvermögen können nicht darüber hinweg täuschen, daß eine hohe qualifikatorische Heterogenität für die am wenigsten Qualifizierten lernhemmend sein kann. Dies ist bedeutender als der umgekehrte Fall, daß die beschriebene Heterogenität unterfordernd für Höherqualifizierte wirkt, und so Lernhemmungen auftreten. Gerade in dieser Situation werden Höherqualifizierte doch sehr aktiv in der Aneignung von Wissen,

das aus Gründen der den Kursdurchschnitt überfordenden Komplexität vorenthalten wird.

Setzt man diese Problematik mit der meist sehr restriktiv von seiten der Anwender und Hersteller vertretenen Ansicht in Zusammenhang, daß Qualifizierungen eigentlich unnötig, oder wenigstens so kurz wie möglich zu halten sind, so bleibt ein Trainingskonzept, sei es eines, das direkt das später am Industrieroboter tätige Personal betrifft, oder seien es die zu trainierenden Trainer selbst, letztlich so lange "unrealistisch", bis Unternehmensleitungen und staatliche Ausbildungsinstitutionen nicht realistischer sein wollen als die offenkundige Realität von Lerndefiziten und ihren Folgen.

7 Ausblick

Zusammenfassend ist festzustellen, daß die Defizite in der Qualifizierung an neuen Technologien von mehreren Seiten her überwunden werden müssen:
Die Wissenschaften, insbesondere die Sozial- und Arbeitswissenschaften, müssen ihre Modelle und Konstrukte daraufhin abprüfen, inwieweit sie brauchbare Handlungsanleitungen und Methoden für eine Qualifizierungspraxis sind, die allerdings einer Institutionalisierung von seiten des Staats und der privaten Unternehmen erst noch bedarf. Zu denken ist dabei an die Berufsförderungswerke, die verbandsgebundenen Ausbildungsinstitutionen, die Arbeitsämter und nicht zuletzt die betrieblichen Bildungseinrichtungen.

Die zukünftigen Qualifizierungsinhalte bzw. die anzustrebenden Qualifikationen müssen den Anforderungen der neuen Technologien Rechnung tragen. Es ist letztendlich zu erwägen, ob diese Qualifikationen nicht schon bereits in der schulischen Ausbildung oder der Berufsgrundbildung vermittelt werden.
Ob allerdings der so idealtypisch qualifizierte, zukünftige "Qualifikationsinhaber" diese seine Qualifikationen auch zur Sicherung seines Lebensunterhalts in Anschlag bringen kann, wird die Zukunft zeigen.

Anmerkungen:

(1) Stuttgarter Zeitung, 18.04.1985

(2) Vgl. IAO-Arbeitstagung, 4. Konferenzband ... S. 41 ff

(3) Aktionsprogramm Arbeit und Technik (1984)

(4) Vgl. etwa Mickler et al., 1976

(5) Vgl. Refa, Methodenlehre des Arbeitsstudiums, bes. Teil 4

(6) Vgl. Richtlinie zur Analyse, Bewertung und Gestaltung progressiver Arbeitsinhalte der Arbeit im VEP KNE Teil 1: Tätigkeitsbewertungssystem - Kurzfassung (TBS-K); Wolf/Hacker, Dresden

(7) Vgl. Volpert/Oesterreich et al. (1983)

(8) Die Fallstudien wurden in folgenden Einsatzfeldern durchgeführt:

Nr.	IR-Einsatz	Branche
1	Werkstückhandhabung an CNC; Bearbeitungszentrum	Motorenherstellung
2	Bahnschweißen (Dickblech)	Waggonbau
3	Bahnschweißen (Dünnblech)	Schaltschrankgehäuse
4	Bahnschweißen (Dünnblech)	Apparatebau
5	IR-Hersteller	Schulungskurs
6	IR-Hersteller	Schulungskurs
7	Schweißen, Handling, Montage	Feinwerktechnik, Elektronik
8	Punktschweißen, Bahnschweißen, Lackieren, Montage	Fahrzeugbau
9	IR-Hersteller und -Anwender	Schulungskurs; Gerätebau
10	Montage, Lackieren, Kleben	Fahrzeugbau

(9)

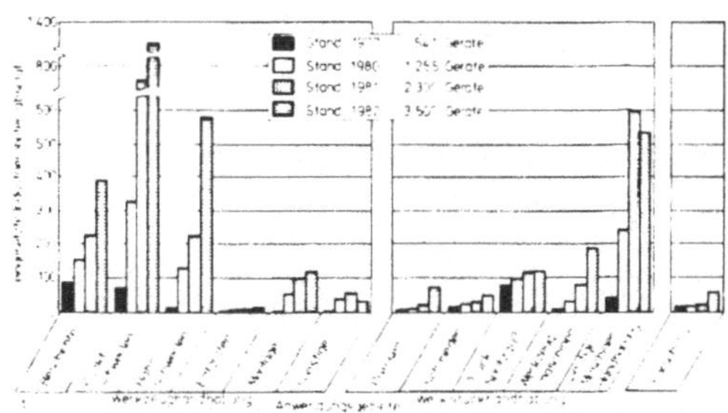

Einsatzzahlenentwicklung für programmierbare Handhabungsgeräte in der Bundesrepublik Deutschland.

Quelle: Gzik, H.; Schmidt, J.; Scholz, W.; Walther, J.; VDI-Z 125, S. 505)

(10) Leitfaden zur Qualifikationsanforderungsanalyse

(Teil I und II Befragung des betriebliche Managements)

Teil I: <u>Betriebs- und Produktionsstruktur</u>

1. Branche:

2. Allgemeine Daten zum Betrieb
2.1 Betriebsart (AG, GmbH etc.)
2.2 Betriebsgröße; ca. Umsatz:
2.3 Beschäftigte gesamt:
Gewerblich:
Angestellte:
Männlich
Weiblich
Ausländer
2.4 Produktvielfalt (kurze Benennung verschiedener Produkte, Losgrößen etc.

3. Beschreibung betrieblicher Problemstrukturen

Merkpunkte:

- Fluktuation, Absentismus
- Belastungsstruktur
- Altersstruktur (Tätigkeitsbegrenzte Arbeitsplätze)
- Qualifikationsstruktur
- Absatzmarkt/Marktstellung
- Arbeitsmarkt (Rekrutierungsprobleme)

4. Eingesetzte Industrieroboter
4.1 Für welches Verfahren
4.2 Welcher Produktionsabschnitt

4.3 Welche Produkte
4.4 Welche Bearbeitungsfolgen

5. Erwartete Freisetzungseffekte

6. Angestrebte Amortisationszeit

II. Probleme in unterschiedlichen Phasen des IR-Einsatzes

1. Investitions- und Planungsprozeß bis zur Kaufentscheidung
1.1 Welches waren die maßgeblichen Gründe für die Investitionsentscheidung, einen/mehrere IR einzusetzen?
1.2 Wo haben sie sich zunächst grundsätzlich über IR-Technologien kundig gemacht? (Fachzeitschriften, Messen, andere Unternehmen)
1.3 Bei welchen IR-Herstellern haben sie Angebote eingeholt?
1.4 Aufgrund welcher Merkmale oder Tatbestände haben sie sich letzlich für das eingesetzte Gerät entschieden?
1.5 Stellung der Belegschaft und der Interessenvertretung zum IR

2. Technische Beschreibung
2.1 IR-Typ/Hersteller
(mit Herstellerbezogenen Informationen später ausdifferenzieren)
2.2 Zuführ-, Ordnungs- und Peripherieelemente
- vom IR-Hersteller mitgeliefert
- von anderen Herstellern
- Selbstentwicklung

3. Implementationsprobleme

3.1 Technische Probleme beim Einsatz des Gerätes

- mit der IR-Hardware
- mit der Peripherie
- mit der Steuerung
- mit den Produkten

3.2 Produktions-, Arbeitsorganisatorische und qualifikatorische Probleme

3.2.1

- Mußte die Produktionsorganisation (Ablauforganisation)
  infolge des IR-Einsatzes verändert werden?
- Werden mehrere Schichten gefahren?
- Mußten sich die Mitarbeiter auf andere Schichtfolgen einlassen?
- Wie sind die Pausenzeiten organisiert?
- Ist der IR in den normalen Produktionsprozeß integriert?

3.2.2

- Nach welchen Kriterien haben Sie das Programmier-, Bedien- und Wartungspersonal ausgewählt?
- Welche Qualifikationsvoraussetzungen (Basisqualifikation) hatten die ausgewählten Mitarbeiter?
- Wie wurde das Personal für die neue Aufgabe geschult?
- Traten dabei Probleme auf?
- Haben Sie auch Mitarbeiter der Arbeitsvorbereitung, der Planungsabteilung oder sonstige Mitarbeiter geschult?
- Halten Sie die Schulungen insgesamt für erfolgreich oder müßten aus Ihrer Sicht Veränderungen vorgenommen werden? (Inhalte, Didaktik)
- Wurde das IR-System von den Mitarbeitern akzeptiert?

3.2.3 Beschreibung der Qualifikationsanforderungen

- Welche Tätigkeitselemente werden durch die Arbeitsorganisation vorgegeben? (Bedienung, Programmierung, Wartung, Instandhaltung.....)
- In welcher Form und wie differenziert werden Arbeitsvorgaben gemacht?
- Wie flexibel sind die Mitarbeiter in der Ausgestaltung ihrer Tätigkeit?
- Wie sind die Besetzungszeiten am Industrieroboter mit welchen Qualifikationen geregelt?
- Welche Kooperations- und Kommunikationsstrukturen gibt es am Industrieroboter?
- Hat sich die Belastungsstruktur durch den Industrieroboter-Einsatz verändert? Welche Belastungen haben zu- und welche abgenommen?

3.2.4 Hat sich die Eingruppierung der am IR beschäftigten Mitarbeiter geändert?

4.

- Wie lange dauerte Ihrer Einschätzung nach diese Einführungsphase?
- Wie groß war während dieser Phase die Verfügbarkeit des IR?
- Wie oft mußten Sie auf den externen Service zurückgreifen.

5. Woran machen Sie den Übergang zur Routinisierungsphase fest? (Routine in Programmieren, höhere Verfügbarkeit, weniger Serviceleistungen etc.)

6. Welche weiteren Pläne haben Sie für den IR-Einsatz?
- Kauf weiterer Geräte
- Schichtenausweitung
- Ausweitung des Produktspektrums
- Erweiterung der Qualifikation

III. <u>Qualifikationsanforderungsanalyse</u> (Teil III: Befragung der unmittelbar am IR-Beschäftigten)

(Differenziert nach betrieblichem Arbeitskrafteinsatz, vor allem für Bediener und Programmierer)

1. <u>Personalauswahl</u>

Wie lange arbeiten Sie jetzt am Industrieroboter?
Wie sind Sie zu dieser Tätigkeit gekommen? (Auswahl durch Vorgesetzte, selbst beworben etc.)
Welche Gründe haben Ihrer Ansicht nach dazu geführt, daß Sie dazu ausgewählt wurden? (Qualifikation, Alter, Grundeinstellung zur Arbeit etc.)

Welche Grundausbildung haben Sie?
- Schulbildung
- Berufliche Ausbildung
- Umschulung
- Weiterbildung

Welche Tätigkeiten haben Sie bisher ausgeübt?
- ggf. in anderen Betrieben
- in diesem Betrieb

2. Schulung

Welche Zusatzausbildung haben Sie für den Umgang mit dem Industrieroboter erhalten?
Wie war diese aufgebaut (inhaltlich, didaktisch)?
Hat diese Schulung ausgereicht, um den Anforderungen der Praxis gerecht zu werden?
Was hat Ihnen anfangs die meisten Schwierigkeiten bereitet

- Begrifflichkeit
- Logik/Mathematik
- Umgang mit Tastatur und Bildschirm
- räumliche Bewegungen
- Parameter
- allgemeines Verständnis

Wie lange hat die Eingewöhnungszeit gedauert, bis Sie ohne Schwierigkeiten wußten, was Sie zu tun haben?

Welche Kenntnisse konnten Sie aus Ihrer früheren Tätigkeit verwenden?
Was war grundsätzlich neu für Sie?

3. Tätigkeitsanforderungen Bediener

Welche Tätigkeiten führen Sie jetzt am IR aus?
Können Sie dabei entscheiden, was Sie wann machen müssen oder bekommen sie Anweisungen? Von wem, wie oft, wie differenziert? Reden Sie mit jemandem, wie Sie die Arbeit machen sollen oder wissen Sie das von sich aus?

Beschreiben Sie bitte einmal eine normale Schicht
(Achten auf Zeitanteile)

- Zuführung
- Positionierung
- sonstige vorbereitende Tätigkeiten (z.B. Heften),
- IR-Bedienung,
- nachbereitende Tätigkeiten,
- Kontrolle,
- Nacharbeit im engeren Sinne,
- Abführen
- Wartung

Wie oft müssen Sie in den automatischen Produktionsablauf eingreifen? Was müssen Sie dann tun?
Wie oft treten Störungen auf? Wie verhalten Sie sich dann?

- Selbst Störungsquelle suchen
- Kleinere Störungen selbst beheben (achten darauf, welcher Art diese Störungen sind)
- Entscheidungen, ob Meister, Instandhaltung oder direkt externer Service benachrichtigt wird.

4. Tätigkeitsanforderungen Programmieren

Was müssen Sie wissen, um optimal zu programmieren?

Notwendige Kenntnisse:

- über Verfahren
- über Werkstoff allgemein (Materialkenntnisse)
- über das Verhalten der Materialien beim Fertigungsprozeß
- über Aufbau, Funktion und Bewegungsabläufe

des IR und der Peripherie

- über Mechanik
- über Elektrik
- über Hydraulik
- über Pneumatik
- über das Steuergerät (Aufbau und Funktion)
- über mathematische Meßeinheiten/Rechenprozesse
- über Arbeitsanweisungen/-aufträge
- über Qualitätsanforderungen
- über Normen/Vorschriften etc.
- über Unfallschutz
- über Produktionsablauf und Fertigungsprozeß im allgemeinen
- über Wartung
- über Fremdsprachen
- über EDV im allgemeinen

Wie gehen Sie beim Programmieren vor?

<u>Notwendige mentale Leistungen:</u>

- Aufstellen logischer Ablaufschritte (schriftlich, gedanklich)
- logisches Zergliedern vorgegebener Anweisungen, Pläne und Zeichnungen
- Zeitablauf
- Einbeziehen aller zu berücksichtigenden Parameter (welcher, auf welche Weise)
- Parameterberechnung
- Lernen, Merken
- tatsächlicher Tätigkeitsablauf des Programmierens

Wie oft müssen Sie neu programmieren?

- Wieviele Programmteile neu
- Verwendung von fertigen Unterprogrammen
- jeweiliger Zeitaufwand
- geistiger Aufwand im Vergleich zu ersten Neuprogrammierungen

Notwendige Fertigkeiten:

- teachen der Punkte (Genauigkeit, Bewegungsführung etc.)
- Fingerfertigkeit (Tasten- und Tabulatorbedienung)

Worauf müssen Sie beim Programmieren besonders achten? Nach welchen Gesichtspunkten optimieren Sie das fertige Programm?

5. Belastung und Beanspruchung

Wie stark fühlen Sie sich durch den IR-gestützten Produktionsprozeß ausgelastet?
- Zeitlich
- Physisch
- Psychisch
- Sozial

Benennen Sie bitte die hauptsächlichen Belastungen, denen Sie bei Ihrer Arbeit ausgesetzt sind und wie stark Sie sich durch diese beeinträchtigt, beansprucht oder gestört fühlen
- Körperliche Belastungen
- Umgebungsbelastungen
- Psychisch-soziale Belastungen (Zeitdruck/Taktarbeit, Schichtarbeit, Konzentration, Verantwortung, Kontrolle durch Vorgesetzte, Monotonie, Über-/Unterforderung, Unfallgefährdung

In welcher Beziehung stellt der IR eine Verbesserung Ihrer Arbeit dar?
Hat sich auch was verschlechtert gegenüber früher?

(11) Beteiligte Institute an dem Vorphasenprojekt "Qualifizierung an Industrierobotern" (Projektgruppe QIR):

- Fraunhofer-Institut für Arbeitswirtschaft und Organisation, Stuttgart, FKZ: 01 VC 052
- Fraunhofer-Institut für Produktionstechnik und Automatisierung, Stuttgart, FKZ: 01 VC 052
- Gesellschaft für Arbeitsschutz- und Humanisierungsforschung, Dortmund, FKZ: 01 VC 122
- Fa. C. Cloos Schweißtechnik GmbH, Haiger, FKZ: 01 VC 042
- Fa. Jungheinrich Unternehmensberatung KG, Hamburg FKZ: 01 VC 202

(12) Es wurde je ein IR der Firma Cloos und der Firma ASEA verwendet.

(13) Microteaching ist v.a. ein Ausbildungskonzept für Lehrer, welches durch eine minutiöse Zergliederung der Lektionen mit jeweiligen Unterbrechungen eine permanente Rückmeldung über einzelne Verhaltenssegmente von Lehrer und Schüler zuläßt. Vgl. v.a. Allen, D.W.; Ryan, K.: Microteaching, Weinheim/Basel 1974

(14) Vgl. Clauß, Guthke, Lohse; 1976, S. 116

Literatur

Aebli, H.: Grundformen des Lehrens - Ein Beitrag zur psychologischen Grundlegung der Unterrichtsmethode, 3. durchges. u. erw. Aufl., Stuttgart 1961

Allen, D.W.; Ryan, K.: Microteaching; Weinheim/Basel 1974

Altmann, N.; Bechtle, G.; Lutz, B.: Betrieb - Technik - Arbeit. Elemente einer soziologischen Analytik technisch-organisatorischer Veränderungen, Frankfurt/New York 1978

Altvater, E.; F. Huisken (Hrsg.): Materialien zur politischen Ökonomie des Ausbildungssektors, Erlangen 1971

Baarss, A.; Hacker, W.; Hartmann, W.; Iwanowa, A.; Richter, P. und Wolff, S.: Psychologische Arbeitsanalyse zur Erfassung der Persönlichkeitsförderlichkeit von Arbeitsinhalten, in: Frei/Ulich, 1981, S. 127 ff

Bachl, W.; Frevel, A.; Heier, W.: Unveröffentl. Manuskript zur Vorphase "QIR", o.J.

Baitsch, C.; Frei, F.: Qualifizierung in der Arbeitstätigkeit; Bern 1980

Bechterew, N.: Reflexologie, 1907

Beck, U.; Brater, M.: Berufliche Arbeitsteilung und soziale Ungleichheit, Frankfurt 1978

Becker, E., G. Jungblut: Strategien der Bildungsproduktion. Eine Untersuchung über Bildungsökonomie, Curriculumentwicklung und Didaktik im Rahmen systemkonformer Qualifikationsplanung, Frankfurt/M. 1972

Benz-Overhage, K.; Brumlop, E.; Freyberg, Th, v.; Papadimitriou, Z.: Neue Technologien und alternative Arbeitsgestaltung. Auswirkungen des Computereinsatzes in der industriellen Produktion, Frankfurt/New York 1982

Bergius, R. (Hrsg.): Handbuch der Psychologie, Bd. I, 2. Halbband: Lernen und Denken, Göttingen 1975

Binkelmann, P.; I. Schneller: Berufsbildungsreform in der betrieblichen Praxis, Frankfurt/M. 1975

Blankertz, H.: Berufsbildung und Utilitarismus, Düsseldorf 1963

Bloom, B.: Taxonomie von Lernzielen im kognitiven Bereich, Weinheim und Basel, 1976

Blume, Chr. et al.: Struktur und Programmierung von Industrierobotern, Teil II; in: VDI-Z 122 (1980) Nr. 5

Bosch, G.: Arbeitsplatzverlust. Die sozialen Folgen einer Betriebsstillegung, Frankfurt/New York 1978

Brammerts, H.: Gewerkschaftliche Bildungsarbeit - ihre Voraussetzungen und Besonderheiten, in: Brammerts, H.; Gerlach, G.; Trautwein, H.: Lernen in der Gewerkschaft, Frankfurt 1976

Brandenburg, A.G.: Psychologische, soziologische und didaktische Voraussetzungen des Lernerfolgs im Erwachsenenalter. Expertise erstellt für die Kommission für wirtschaftlichen und sozialen Wandel; Unveröffentlichtes Gutachten, Bonn 1972

Bredenkamp, K. u. J.: Die Bedingungen des Erlernens, Behaltens und Vergessens von sprachlichem Material, in: Weinert, F.E.; Graumann, C.F. et al.: Pädagogische Psychologie, Bd. 2, Frankfurt 1974

Bonz, B.: Beiträge zur Methodik der beruflichen Bildung, Stuttgart 1976

Brandt, G.; Kündig, B.; Papadimitriou, Z.; Thomae, J.: Computer und Arbeitsprozeß. Eine arbeitssoziologische Untersuchung der Auswirkungen des Computereinsatzes in ausgewählten Betriebsabteilungen der Stahlindustrie und des Bankgewerbes, Frankfurt/New York 1978

Budilowa, Schorochowa, Bruschlinski, Galperin, Schewarjow, Eliawa, Dawydow: Untersuchungen des Denkens in der sowjetischen Psychologie, Berlin (West) 1973

Bunk, G.P.: Humanisierung des Arbeitslebens unter arbeitspädagogischem Aspekt. Lernprozesse und Partizipation bei Arbeitsstrukturierung, In: Zeitschrift für Arbeitswissenschaft, H. 2, 1980, S. 70 - 74

Clauß, G.; Gutke, J.; Lohse, H.: Lernpsychologische Hinweise zur Unterrichtsgestaltung, Berlin (DDR) 1976

Crusius, R.; W. Lempert; M. Wilke: Berufsausbildung - Reformpolitik in der Sackgasse? Alternativprogramm für eine Strukturreform, Reinbeck 1974

Däumling, M.; Engler, H.-J.: Beiträge zum mentalen Training, Frankfurt am Main 1973

Deeke, A.: Lohnarbeit und Beruf. Überlegungen zum Verhältnis von Mobilität und beruflicher Bildung, Frankfurt/Köln 1974

Diener, K.; Füller, K.; Lemke, D.; Reinert, G.-B. (Hrsg.): Lernzieldiskussion und Unterrichtspraxis, Stuttgart, 1978

DIN 1910: Schweißen. Begriffe, Einteilung der Schweißverfahren

DIN 66 025: Programmaufbau für numerisch gesteuerte Werkzeugmaschinen

Dolch, J.: Lehrplan des Abendlandes, Ratingen 1959

Dörner, D.: Die kognitive Organisation beim Problemlösen. Ein Versuch zu einer kybernetischen Theorie der elementaren Informationsverarbeitungsprozesse beim Denken, Bern/Stuttgart/Wien 1974

Dörschel, A.: Arbeitspädagogik, Berlin (West) 1972
ders.: Die Arbeit pädagogischen Aspekt. In: Röhrs (Hrsg.): Die Bildungsfrage in der modernen Arbeitswelt; Frankfurt 1967, S. 223 - 229

Drechsel, R.; Gronwald, D.; Voigt, B. (Hrsg.): Didaktik beruflichen Lernens. Diskussionsbeiträge zu einem ungelösten Problem, Frankfurt/New York 1981

Drexel, I.; Nuber, C.: Qualifizierung für Industriearbeit im Umbruch. Die Ablösung von Anlernung durch Ausbildung in Großbetreiben von Stahl und Chemie, Frankfurt/New York 1979

Dürholt, E.; Facaoaru, C.; Frieling, E.; Kannheiser, W.; Wöcherl, H.: Qualitative Arbeitsanalyse (Schriftenreihe Humanisierung des Arbeitslebens); Frankfurt 1983

Dürr, W.: Einige Anmerkungen zu einer künftigen Kooperation von arbietspsychologischer und berufspädagogischer Forschung, in: Deutsche Berufs- und Fachschule, Jg. 71 (1975), S. 943 - 955

Eissel, D.: Arbeitsmarkt und Bildungspolitik. Theorien und Praxis der Bildungsplanung, Frankfurt/New York 1977

Failmezger, R.; Schmitz, K.: Entwicklungstendenzen der Arbeitsgestaltung und Automatisierung in der Montage - Beispielsammlung Arbeitsstrukturierung, Gesellschaft für Arbeitsschutz- und Humanisierungsforschung, hekt. Ms., Dortmund 1982

Ferner, W.; Gärtner, D.; Krischok, D.; Stolze, K.W.: Leitfaden für die Durchführung von Fallstudien in Arbeitssituation zur Ermittlung beruflicher Lehrinhalte, Bundesinstitut für Berufsbildung (Hrsg.), Berichte zur beruflichen Bildung, H. 20, Berlin 1979

Feuerstein, T.: Humanisierung der Arbeit und Berufsbildungsreform. Aufgaben und Chancen für die Berufspädagogik, in: Z.f. Päd., 24 Jg. (1978), Nr. 3, S. 429 - 446

Frank, H.: Kybernetische Grundlagen der Pädagogik, Kybernetik und Information. Internationale Reihe Bd. 2
Baden-Baden/Paris 1962, S. 1 - 17

Frei, F.; Ulich, E. (Hrsg.): Beiträge zur psychologischen Arbeitsanalyse, Bern 1981

Frei, F.; Baitsch, C.: Konzeption einer Untersuchung zur Entwicklung und Validierung einer Taxonomie von Qualifizierungsaspekten; BMFT-Forschungsbericht HA 79-23, 1979

Frenz, H.-G.; Frey, S.: Die Analyse menschlicher Tätigkeiten - Probleme der systematischen Verhaltensbeobachtung in: Frei/Ulich 1981, S. 57 ff

Frevel, A.; Bachl, W.; Heier, W.: Qualifizierung an Industrierobotern. Erste systemübergreifende Modellschulungen abgeschlossen, in: Humane Produktion 6/1985.

Fricke, W.: Arbeitsorganisation und Qualifikation. Ein industriesoziologischer Beitrag zur Humanisierung der Arbeit, Bonn-Bad Godesberg 1975

Friedmann, G.: Der Mensch in der mechanisierten Produktion, Köln 1952

ders.: Grenzen der Arbeitsteilung, Frankfurt/M. 1959

Frieling, E.: Psychologische Arbeitsanalyse, Stuttgart 1975

Frieling, E.; C. Graf Hoyos: Fragebogen zur Arbeitsanalyse, Bern 1978

Friedrich, A.: Arbeitsbetrachtung In: Deutsche Bergwerks-Zeitung Nr. 14, 1925

Galperin, P. J.; Leont'ew, A. N.: Probleme der Lerntheorie, Berlin (Ost) 1974

Gensior, S.; Krais, B.: Arbeitsmarkt und Qualifikationsstruktur, in: Soziale Welt, 25, 1974

Georg, W.; Kißler, L.: Arbeit und Lernen; Fernuniversität Hagen 1981

Gzik, H.; Schmidt, J.; Scholz, W.; Walther, J.: Karosserierohbaufertigung in Klein- und Mittelserien mit Industrierobotern, VDI-Z 125, S. 505 ff, 13/1983

Gizycki, V.; Weiler, U.: Auswirkungen einer breiten Einführung von Mikroprozessoren auf die Bildungs- und Berufsqualifizierungspolitik, Hg. vom Bundesministerium für Bildung und Wissenschaft, Bonn 1980

Groskurth, P. (Hrsg.): Arbeit und Persönlichkeit: berufliche Sozialstation in der arbeitsteiligen Gesellschaft. Ergebnisse der Arbeitswissenschaft für Bildung, psychosoziale und gewerkschaftliche Praxis, Reinbek 1979

Groskurth, P.; Volpert, W.: Lohnarbeitspsychologie. Berufliche Sozialstation: Emanzipation zur Anpassung, Frankfurt/M. 1975

Hacker, W.: Allgemeine Arbeits- und Ingenieurpsychologie; Stuttgart 1978

Hacker, W.: Spezielle Arbeits- und Ingenieurpsychologie; Berlin (DDR) 1980

Hacker, W.; Quaas, W., u.a.: Psychologische Arbeitsuntersuchung, Berlin (DDR) 1973

Hacker, W.; Raum, H.: Optimierung von kognitiven Arbeitsanforderungen, Dresden 1979

Hacker, W.; Volpert, F.; Cranach, M.: Kognitive und motivationale Aspekte der Handlung; Bern 1982

Hansmann, K.-W.; A. Roggon: Stand und Entwicklung des Industrieroboter-Einsatzes in der Deutschen Wirtschaft, in: Crusius/ Stebani, S. 80 ff

Hegel, G.W.F.: Enzyklopädie der phil. Wissenschaften, Dritter Teil: Die Philosophie des Geises, Frankfurt 1970

Hegelheimer, A.: Berufsanalyse und Ausbildungsordnung, Hannover 1977 a

ders.: Qualifikationsforschung in: Schlüsselwörter zur Berufsbildung; Weinheim 1977 b

Hegelheimer, A.; Alt, C.; Foster-Bangers, H.: Qualifikationsforschung; Hannover 1975

Heimann, P.; Gunter, O.; Schulz, W.: Unterricht, Analyse und Planung; Auswahl Reihe B, H 1/2; Hannover 1965

Heinz, K.; Salwiczek, P.: Fachgebiete in Jahresübersichten: Montage- und Handhabungstechnik, in: VDI-Z 125, 1983, Nr. 5

Henningsen, J.: Die Neue Richtung in der Weimarer Zeit; Stuttgart 1960

Herrmann, M.; Laaf, H.: Pädagogische Besonderheiten beruflicher Erwachsenenbildung; Hannover 1975

Hopp, W.: Senkung und Polarisierung von Qualifikationsanforderungen als Bedingungen des Bildungssystems. Zur Kritik neuer Untersuchungen, in: Z.f. Päd., 24 Jg. (1978), H. 1, S. 51 - 67

Hoppe, M.; Krüger, H.; Rauner, F. (Hrsg.): Berufsbildung. Zum Verhältnis von Beruf und Bildung, Beiträge aus Wissenschaft, Politik und Praxis, Frankfurt/New York 1981

Hull, C.L.: A behavior System, 1952

IAO-Arbeitstagung, 4., Konferenzband (T 4): "Menschen, Arbeit, Neue Technologien"; Berlin, Hamburg 1985

Kammerer u.a.: Ingenieure im Produktionsprozeß. Zum Einfluß von Angebot und Bedarf auf Arbeitsteilung und Arbeitseinsatz, Frankfurt/M. 1973

Kern, H.; Schumann, M.: Industriearbeit und Arbeiterbewußtsein. Eine empirische Untersuchung über den Einfluß der aktuellen technischen Entwicklung auf die industrielle Arbeit und das Arbeiterbewußtsein, 2 Bde., Frankfurt/Köln, 3 Aufl. 1974

Kern, H.; Schumann, M.: Das Ende der Arbeitsteilung? Rationalisierung in der industriellen Produktion. Bestandsaufnahme, Trendbestimmung; München 1984

Keseling, G.: Sprache als Abbild und Werkzeug, Köln 1979

Klingberg, L.: Einführung in die allgemeine Didaktik, Berlin (DDR) 1974

Klix, F.: Information und Verhalten. Kybernetische Aspekte der organismischen Informationsverarbeitung. Einführung in die naturwissenschaftlichen Grundlagen der Allgemeinen Psychologie, Berlin 1973

Klauer, K.J. et al: Lernzielorientierte Tests, Düsseldorf 1972

Korndörfer, V.: Industrielle Arbeitspädagogik im technischen Wandel in: Luckmann, H.; Schratt, K.-H.; Sommer (Hrsg.): Technologieentwicklung und Ausbildung, Esslingen 1984

Kossakowski, A.: Handlungspsychologische Aspekte der Persönlichkeitsabwicklung, Berlin (DDR) 1980 a

Kossakowski, A.: (Hrsg.): Psychologie im Sozialismus, Berlin (DDR) 1980 b

Lashley, K.S.: In search of the engram; in: Symp. Soc. Exp. Biol. 4, 1950

Lempert, W.: Berufliche Qualifizierung als Beitrag zur gesellschaftlichen Demokratisierung. Vorstudien für eine politische reflektierte Berufspädagogik, Frankfurt/M. 1974

Lempert, W.; Franzke, R.: Die Berufserziehung, München 1976

Lenhardt, G.: Berufliche Weiterbildung und Arbeitsteilung in der Industrieproduktion, Frankfurt/M. 1974

Leont'ew, A.N.: Probleme der Entwicklung des Psychischen; Königstein/Ts. 1980

ders.: Tätigkeit, Bewußtsein, Persönlichkeit; Köln 1982

Leu, H.R.: Berufsbildung als allgemeine und fachliche Qualifizierung, in: Z.f. Päd., 24 Jg. (1978), Nr. 1, S. 21 - 35

Lurija: Sprache und Bewußtsein; Köln 1982

ders.: Die höheren kortikalen Funktionen des Menschen..., Berlin (DDR) 1970

Lutz, B.: Produktionsprozeß und Berufsqualifikation, in: Spätkapitalismus oder Industriegesellschaft, Verhandlungen des 16. Deutschen Soziologentages, Stuttgart, 1969, S. 227 - 249

Mager, R.F.: Lernziele und programmierter Unterricht; Weinheim 1972

Mc Cormick, E.J.; Jeanneret, P.R.; Mecham, R.C.: The devlopment and background of the Position Analysis Questionaire (PAQ), J. Appl. Psychol., 1972, S. 347 - 368

Mayer, E.; Schumm, W.; Flaake, K.; Geberding, H.; Reuling, J.: Betriebliche Ausbildung und gesellschaftliches Bewußtsein, Frankfurt/New York 1981

Marx, K.: Das Kapital. Kritik der politischen Ökonomie, Erster Band, Berlin 1974

Mettelsiefen, B.: Technischer Wandel und Beschäftigung. Rekonstruktion der Freisetzungs- und Kompensationsdebatten, Frankfurt/New York 1981

Mickler, O.; Mohr, W.; Kadritzke, U.: Produktion und Qualifikation, Teil I und II, Göttingen 1977

Mickler, O.; Dittrich, E.; Neumann, U.: Technik, Arbeitsorganisation und Arbeit; Frankfurt am Main 1976

Mickler, O.; Pelull W. et al.: Bedingungen und soziale Folgen des Einsatzes von Industrierobotern.
Sozialwissenschaftliche Begleitforschung zum Projekt der Volkswagen AG, Wolfsburg: Neue Handhabungssysteme als technische Hilfen für den Arbeitsprozeß; Soziologisches Forschungsinstitut (SOFI); Göttingen 1980

Miller, G.A.; Galanter, E.; Pribram, K.H.: Strategien des Handelns, Pläne und Strukturen des Verhaltens; Stuttgart 1973

Montagestudie: Einsatzmöglichkeiten von flexibel automatisierten Montagesystemen in der industriellen Produktion (Schriftenreihe Humanisierung des Arbeitslebens), Düsseldorf 1984

Möller, C.: Technik der Lernplanung, Weinheim und Basel 1976

Münsterberg, H.: Psychologie und Wirtschaftsleben, 1912

Pawlow, I.P.: Die höchste Nerventätigkeit von Tieren, 1926

Piaget, J.: Zur Psychologie der Intelligenz, Zürich 1948

Pickenhain, L.: Grundriß der Physiologie der höheren Nerventätigkeit, 1959

Popitz, H.; Bahrdt, H.P.; Jüres, E.A.; Kesting, H.: Technik und Industriearbeit. Soziologische Untersuchungen in der Hüttenindustrie, Tübingen 1957 a

dies.: Das Gesellschaftsbild des Arbeiters, Tübingen 1957 b

Preyer, K.: Berufs- und Betriebspädagogik, München/Basel 1978

Projektgruppe Automation und Qualifikation: Automation in der BRD. Probleme der Produktivkraftentwicklung, 2. verb. Aufl. Berlin 1975 dies.: Entwicklung der Arbeitstätigkeiten und die Methode ihrer Erfassung (Bd. II), Berlin 1978

dies.: Theorien über Automationsarbeit (Bd. III), Berlin 1978

REFA (Hrsg.): Methodenlehre des Arbeitsstudiums, Bd. 1 - 6, München 1971 u. später

Riedel, J.: Arbeitspädagogik - Berufspädagogik - Wirtschaftspädagogik In: Dt BFSch 5/1949, S. 359 - 362

ders.: Die Kernleistung und ihre Bedeutung für die Berufserziehung; in: Archiv f. Berufsbildung, Jg. 5, H. 1, Jan. 1953

ders.: Einführung in die Arbeitspädagogik, Braunschweig 1967 (a)

ders.: Was heißt "Arbeitspädagogik im Betrieb"? In: Röhns (Hrsg.): Die Bildungsfrage in der modernen Arbeitswelt; Frankfurt 1969 (b), S. 299 - 309

Robinsohn, S.B.: Bildungsreform als Revision des Curriculums, "Aktuelle Pädagogik", Neuwied/ Berlin (West) 1967

Rohmert, W.; Landau, K.: Das Arbeitswissenschaftliche Erhebungsverfahren zur Tätigkeitsanalyse (AET), Bern 1979

Rohmert, W. (Hrsg.): Entwicklung und Erkenntnisse der Arbeitswissenschaft, Berlin/Köln/ Frankfurt 1974

Rohmert, W.; Rutenfranz, J.: Arbeitswissenschaftliche Beurteilung der Belastung und Beanspruchung an unterschiedliche industriellen Arbeitsplätzen. Gutachten für das Bundesministerium für Arbeit und Sozialordnung, Bonn, 1975

Rubinstein, S.L.: Grundlagen der allgemeinen Psychologie, Berlin (DDR), 1977

Sass, J.; Sengenberger, W.; Weltz, F.: Weiterbildung und betriebliche Arbeitskräftepolitik, Frankfurt/M. 1974

Sari, S.; Urban, G.: Roboter und Arbeitsbedingungen. Handlungsanleitung für Betriebsräte bei der Einführung von Robotersystemen, Köln 1984

Schmidtke, H. (Hrsg.): Ergonomie 1 und 2, München 1973/74

Schmidtke, H.; Schmale, H.: Formblatt für die Durchführung einer Arbeitsanalyse, Bern 1961

dies.: Arbeitsanforderung und Berufseignung, Bern 1961

Seliger, G.: Produktivität und Arbeit, in: Universität Bremen (Hrsg.): Arbeit und Technik. Analyse von Entwicklungen der Technik und Chancen in der Gestaltung von Arbeit, Symposium an der Universität Bremen, 1983

Siebert, H. (Hrsg.): Taschenbuch der Weiterbildungsforschung, Baltmannsweiler, 1979

Skell, W. (Hrsg.): Psychologische Analyse von Denkleistungen in der Produktion, Berlin (DDR) 1972

Sorge, A.; Hartmann, G.; Warner, M.; Nicholas, I.: Mikroelektronik und Arbeit in der Industrie. Erfahrungen beim Einsatz von CNC-Maschinen in Großbritannien und der Bundesrepublik Deutschland, Frankfurt/New York 1982

Spur, G.; Auer, B.H.; Sinning, H.: Industrieroboter, München/Wien 1979

Staudt, E.; Schepanski, N.: Innovation, Qualifikation und Organisationsentwicklung: Die Folgen der Mikrocomputertechnik für Ausbildung und Personalwirtschaft, Berichte aus der angewandten Innovationsforschung der Universität-Gesamthochschule Duisburg, Nr. 20, o.J.

Taylor, F.W.: The Principles of Scientific Management, deutsch: die Grundsätze wissenschaftlicher Betriebsführung, München 1912

Thomsson, W.: Zum Klassencharakter der Berufsausbildung, in: Szell, G.: Privilegierung und Nichtprivilegierung im Bildungssystem, München 1972, S. 193 - 218

Tully, C.H.: Rationalisierungspraxis. Zur Entideologisierung eines parteilichen Begriffs, Frankfurt/New York 1982

Uhrmann, R.; Korndörfer, V.: Lohn und Qualifikation im Wandel von Arbeitsorganisation und Technologie, hekt. Ms. des IAO, Stuttgart, o.J.

Ulich, E.: Industrieroboter. Chance oder Gefahr für die Humanisierung der Arbeit? in: Psychosozial 18, Reinbek 1

Ullrich, O.: Technik und Herrschaft. Vom Hand-werk zur verdinglichten Blockstruktur industrieller Produktion, Frankfurt/M. 1979

Vogel, A.: Unterrichtsformen; Ravensburg 1975

Voigt, W.: Einführung in die Berufs- und Wirtschaftspädagogik, München 1975

Volkholz, V.: Entwicklungstendenzen der Industrieroboter-Einsätze in den 80-er Jahren am Beispiel der Bundesrepublik Deutschland, in Sari/Urban, S. 89 ff.

Volkswagenwerk AG: Institut für Arbeits- und Betriebspsychologie der ETH-Zürich, Institut für Arbeitswissenschaft der TH Darmstadt: Gruppenarbeit in der Motorenmontage. Ein Vergleich von Arbeitsstrukturen, Forschungsbericht Humanisierung des Arbeitslebens, Bd. 3, Frankfurt/New York 1980

Volpert, W.: Arbeitswissenschaftliche Grundlagen der Berufsbildungsforschung, in: Arbeitswissenschaftliche Studien zur Berufsbildungsforschung, Bd. 3, Berlin 1973

Volpert, F.: Optimierung von Trainingsprogrammen; Lollar/Lahn 1976

Volpert, F.: Beiträge zur psychologischen Handlungstheorie, Bern 1980

Volpert, W.; Oesterreich, R.; Gablenz-Kolakovic, S.; Krogoll, T.; Resch, M.: Verfahren zur Ermittlung von Regulationserfordernissen in der Arbeitstätigkeit (VERA), hekt. Forschungsbericht, TU Berlin, o.J. (1983)

Watson, J.B.: Behaviorismus, 1968

Weise, G.: Psychologische Leistungstests, Göttingen 1975

Weiß, A.P.: A theoretical basis of human bahavior; Columbus (Ohio) 1925

Weißhuhn, G.: Beschäftigungschancen und Qualifikation. Zur Stabilität des Arbeitsmarktes bei Bildungsexpansion und Wandel der Arbeitsplatzanforderungen, Frankfurt/New York 1978

Wiedemann, H.: Arbeiter und Meister im rationalisierten Betrieb, Opladen 1974

Witzgall, E. (unter Mitarbeit von J. Wöcherl, C. Wanner): Untersuchungen zur Didaktik von Höherqualifizierungsmaßnahmen in der Teilefertigung; Entwurf eines Berichts zur arbeitspädagogischen Begleitforschung im HdA-Projekt AEG-Teilefertigung; unveröffentl. MS.; Stuttgart 1982

Anhang 1: Musterlektionen und Materialbeispiele

Lektion 64

Lektion: Einführung in das Naht-Pendeln

Grobstruktur: Wiederholung textueller Programmierung - Pendeln bei Menü-Technik - Pendelhauptprogramm - Pendelunterprogramm - Üben

Quelle: Programmieranleitungen der Fa. Masing-Kirkhof und ASEA

Material: Tafel, Overhead, Arbeitsblätter, Videoanlage (Projiektion des HPG)

Zeit	Verlauf/Inhalte	Methodik/Didaktik
5'	I. Orientierung: Um die Güte einer Schweißnaht zu erhöhen, gibt es ein Mittel, welches in der Art und Weise der Brennerführung liegt: Das Pendeln!	Frage
	Woraus setzt sich eine Pendelbewegung zusammen? - Hin- und Herbewegung - Gerade-aus-Bewegung	Frage Tafelbild
10'	Wie ging das Pendeln beim Gerät der Fa. Cloos? - Pendelbefehl ("GOS"=Go oscillating) - Parameter o Pendelbreite (Hub) o Pendelkomponenten o Pendelgeschwindigkeit o Pendelrichtung	Frage Tafelanschrieb

Lektion 64

Kurztitel: Nahtpendeln

Zeit	Verlauf/Inhalte	Methodik/Didaktik
15'	Beim Gerät der Fa. ASEA ist das Pendeln anders aufgebaut. - In welchem Menü könnte der Pendelbefehl sein?	Viedeokamera ist auf PHG gerichtet! Alle folgenden Menü-Operationen werden von den Teilnehmern mitverfolgt.
	Begründung: Es wird von einem Punkt (Nahtanfang) zum anderen (Nahtende) gependelt. Punkte wurden mit geteacht, ebenso die Art und Weise der Bewegung ("Nullz", "V%", "Bogen").	
	- Nach Teachen des Nahtendpunktes mit der Zusatzinformation "Pendel": Steuerung fragt nach Unterprogramm!	Trainer sucht im [↓] - Menü den Befeh "Pendel"
	- Wozu ein Unterprogramm? (UP)	
	➜ Darin wird die Pendelform festgelegt (2-3 Punkte und V%)	Tafelanschrieb Folie (Pendeln)
	➜ Verweis: Unterprogramm wird später erstellt!	
	- Nach Eingabe der UP-Nummer fragt Steuerung nach "Pendelgeschwindigkeit" (Eingabe von 100%)	Tafelanschrieb
	➤ Der Pendelbefehl ist komplett!	Tafelanschrieb der gesamten Instruktio
15'	II. Aktiv-Verbales Training: Jeder Teilnehmer erstellt die Pendel-Instruktion und benennt die Tasten, die er drückt.	

Lektion 64

Kurztitel: Nahtpendeln

Zeit	Verlauf/Inhalte	Methodik/Didaktik
5'	III: Vertiefung des Stoffs: Gesamte Programmstruktur: - Hauptprogramm (mit Pendel-Instruktion) - Unterprogramm (mit Pendelformpunkten)	Tafelanschrieb
	Problem: Die Kombination der 3 möglichen Geschwindigkeiten: 1. Vorschubgeschwindigkeit in der Pendel-Instruktion 2. Pendelgeschwindigkeit 3. Geschwindigkeit zwischen den Pendelformpunkten	Auf der Folie(Pendel werden anhand der Punkte (NA,NE, Pendeformpunkte) die Geschwindigkeiten erklärt!
10'	Regeln: 1. Pendelgeschwindigkeit und V% der Pendelformpunkte haben in etwa gleiche Funktion = Pendelgeschwindigkeit auf 100% o Konstant-halten der Pendelgeschwindigkeit auf 100% o variieren von V% bei Pendelformpunkt.	Tafel!
	2. Je höher die Pendelgeschwindigkeit um so mehr werden Pendelformpunkte verschliffen.	Folie (Pendeln)
	3. Erhöhter Vorschub "entzerrt" die Pendelbewegung entlang der Naht.	

Lektion 64

Kurztitel: Nahtpendeln

Zeit	Verlauf/Inhalte	Methodik/Didaktik
	IV. Observatives Training:	Trainer führt jetzt mithilfe eines vorbe reiteten Programms die verschiedenen Variationsmöglichkei ten vor.
	V. Aktives Training:	
30'	Arbeitsgruppen erstellen (schriftlich) jeweils ein Pendelprogramm und geben Haupt- und Unterprogramme ein. Trainer steht auf Anfrage zur Hilfe bereit.	
Σ 90'		

INFORMATIONSBLATT: PENDELN

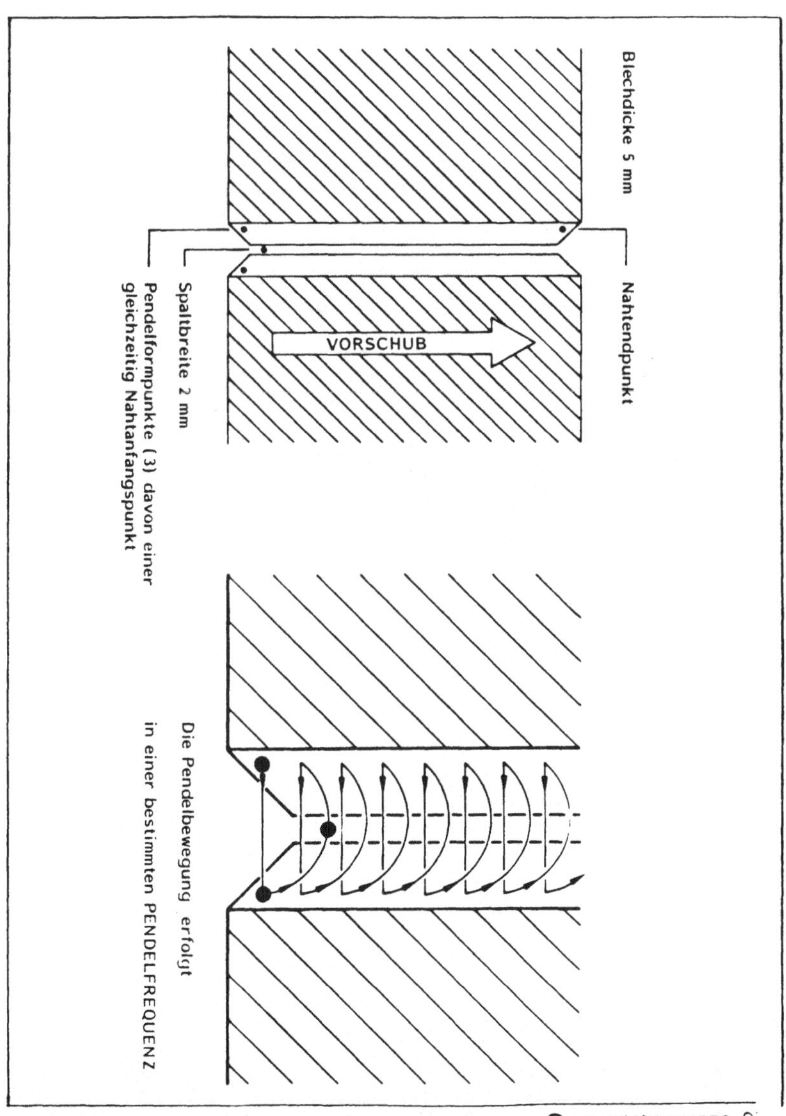

ARBEITSBLATT: Programmbeispiel II

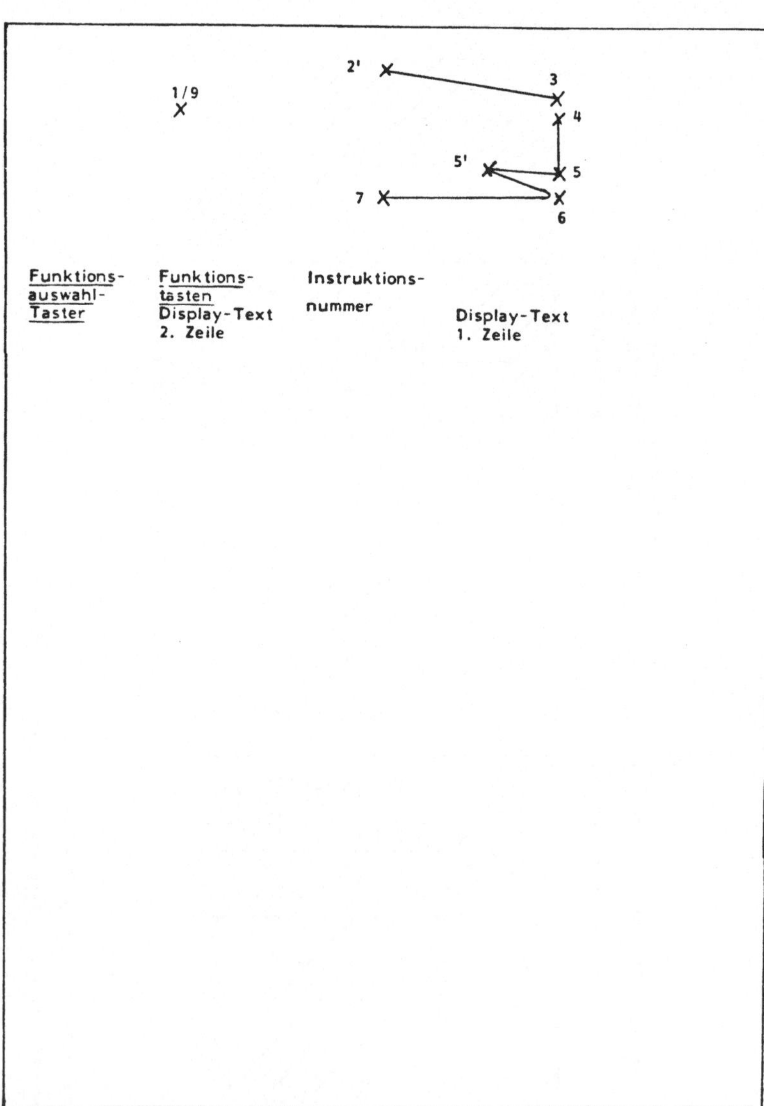

Anhang 2: Erhebungsleitfaden für Geräte- und Verfahrensbezogene Analysen (Geräteteil und Verfahrensteil)

Dieser Erhebungsleitfaden wurde von der Projektgruppe "QIR" im Rahmen des Projektes "Qualifizierung insbesondere von Ungelernten und Angelernten beim Einsatz von Industrierobotern - Hauptphase; Teilvorhaben: Qualifizierung beim Einsatz von Schweiß-Industrierobotern" erarbeitet. Förderkennzeichen beim Bundesministerium für Forschung- und Technologie: 01 VC 163 A 5

Erhebungsleitfaden (Geräteteil):

Grobgliederung:

0. Angaben zur Erhebung

1. Entwicklungsaspekte

2. Diffusionsaspekte

3. Belastungsaspekte

4. IR-Technik

4.1 Dokumentation der (Grob-) Kenndaten
4.2 Komplette technische Beschreibung

5. Anthropotechnische Bewertung der Bedienerschnittstelle

6. Kurse beim Hersteller

6.1 Absolventenstruktur
6.2 Gestaltung und Ablauf
6.3 Erfolgsbewertung aus Herstellersicht
6.4 Anzahl der Trainer
6.5 Qualifikation der Trainer
6.6 Anzahl der Trainings-IR
6.7 Externer Programmierplatz

7. Erforderliche betriebliche Einarbeitungszeit

8. Nachschulungen/Unterweisungen im Betrieb

9. Routinisierungsvoraussetzungen aus der Sicht des Herstellers

10. Anwenderfehler

11. Konsequenzen für die Schulung

12. Sonstiges

0. Angaben zur Erhebung

Es sollte ein langjähriger Mitarbeiter aus der Abteilung, die Schulungen durchführt, oder der Schulungsleiter selbst befragt werden.

Durchführender Interviewer, Name(n):

Ort:

Datum:

Name der Firma:

Telefon:

Kontaktperson/Firmenvertreter, Name(n):

1. Entwicklungsaspekte

Zunächst einige Fragen zu zukünftigen Entwicklungen in der Roboter-Technologie und Ihrem Haus!

(Interviewerhinweis: Es sollen die Einschätzungen zu Entwicklungstendenzen und die geplanten Firmenentwicklungen zu Geräten, Steuerung - hard/software, Peripherie sowie Einsatzschwerpunkte abgefragt werden.)

o <u>Geräteentwicklungen</u>

Kinematiken:

Anzahl der Traglast:

Art der Steuerung:

Art der Programmierung:

Programmiersprache (ggf.):

Schnittstellen und Zubehör:
(z.B. Sensorschnittstellen
externer Programmierplatz)

o <u>Peripherie</u>

Art der Peripherie:

o Geplante Einsatzgebiete der Systeme:

Sonstige Anmerkungen zu Entwicklungstendenzen:

2. Diffusionsaspekte

(Interviewerhinweis: Es soll ein System für die Analyse ausgewählt werden, das zukünftig im Rahmen des Angebots dominierend sein wird; z.B. die Steuerung Robot Control von Siemens bei KUKA und MANTEC.)

Typ IR: Typ Steuerung:

ggf. Hersteller Steuerung:

o Anzahl der verkauften IR insgesamt Inland:
Ausland:

o Anzahl des verkauften Typs (s.v.) Inland:
Ausland:

o Einsatzbereiche des Typs:

o Verteilung der Einsatzbereiche in % (≈) :

o Zeitpunkt der Markteinführung: 19

o Bei Zukauf von Steuerungen (s.v.) :

Anzahl der durch den Steuerungshersteller verkauften Steuerungen Inland:
Ausland:

3. Belastungsaspekte

o Folgende Belastungen werden nach Meinung des Herstellers duch den IR abgebaut (eintragen welche!)

Einsatzbereiche			
Unfall-gefahren			
Umgebungs-einflüsse			
Physische Belastungen			
Psychische Belastungen			

o Mögliche Erhöhungen von Belastungen aus Sicht des Herstellers:

4. IR-Technik

4.1 (Interviewerhinweis: Dokumentation der Grob-Kenndaten entsprechend Warnecke/ Schraft Industrieroboter-Katalog '84 oder Herstellerprospekt. Unterlagen beifügen!)

4.2 Komplette technische Beschreibung (Hinweis: Wenn irgend möglich, Handbuch oder Beschreibung einsammeln.)

Folgende Punkte müssen dokumentiert werden:

o Komponenten des Herstellerangebots

- IR
- Effektoren
- Steuerung (hardware/software)
- Sensoren
- periphere Einrichtungen
- Umfeld

IR-Technik (Fortsetzung)

- o Aufbau des IR
- o Aufbau der Steuerung
- o Prinzip der Steuerung
- o Grundzustände der Steuerung
- o Programmiersystem
- o Nutzbetrieb
- o Koordinatensysteme
- o Schnittstellen zur Peripherie
- o Sensorenfunktionen
- o Sicherheitsfunktionen
- o Steuerungstechnische Optionen

weiterhin

- o Bedienanleitung
- o Programmieranleitung
- o Wartungsunterlagen

5. Anthropotechnische Bewertung der Bedienerschnittstelle

(Interviewerhinweis: IITB-Bewertungsbogen im Anhang ausfüllen. Der Bogen ermöglicht i.W. eine Bewertung der Gestaltung des PHG. Die Bewertung ist im Rahmen der Gerätevorführung und evtl. eigenem "Probieren" durchzuführen.)

6. Kurse beim Hersteller

(Interviewerhinweis: Komplett auflisten)

Bezeichnung	Nr. (x)	Dauer	Qualifikationsvoraussetzungen nach Herstellermeinung	Anzahl der Teilnehmer	
				min.	max.
Für Bediener					
Für Progammierer					
Für Wartungspersonal					
Sonstige					

(x) Kurse 1 - durchnummerieren

6.1 Absolventenstruktur der Kurse

(Interviewerhinweis: Schwerpunkte eintragen)

Kurs Nr.	Ausbildung/ Beruf	betriebl. Funktion	Zweck der Teilnahme	Anzahl der Teilnehmer bisher
Beispiel: Programmierer Kurs 2	Dreher, NC-Maschinenführer	Vorarbeiter, Einrichter	Einarbeitung in Verkettung (NC - IR)	25

Falls vorhanden, Aufstellung des Herstellers beifügen.

o Gab es Verschiebungen in der Absolventenstruktur?

Für welche Kurse? Kurse Nr.:

o Werden herstellerseitig Empfehlungen an die Anwender hinsichtlich der Teilnehmerqualifikation gegeben?

Welche? : Kurs Nr.:

Falls vorhanden, Schreiben beifügen.

6.2 Gestaltung und Ablauf der Kurse

(Interviewerhinweis: Anhand folgender Leitfragen sollen die verschiedenen Kurse/Nr. nach Frage 6 dokumentiert werden.
Möglichst viele Unterlagen sind einzusammeln.)

o Gibt es einen groben Ablaufplan, etwa wie eine Tagesordnung, für die Schulungen?

Nr. 1:

Nr. 2:

o Gibt es Stundenpläne?

Kurs Nr.: Tag:

Inhalte (ggf. Kap. im Handbuch eintragen	Zeit in Std	Medien
Beispiel: Einführung in die Kinematik des IR	1/2	

ggf. Fortsetzung Stundenpläne....

o Welche Medien werden zu den Stunden oder Blöcken eigesetzt?

Filme, Folien, Tapeten, Schaubilder, Handbücher, Übungsblätter, Arbeitsblätter, Modelle, Programmierhilfen.

(Interviewerhinweis: Bitte auf den vorstehenden Blättern eintragen; Material einsammeln u. zuordnen.)

- o Werden die Teilnehmerunterlagen entsprechend der technischen Entwicklung ständig aktualisiert?
- o Probleme:
- o Erfolgt zum Abschluß ein Test oder eine Prüfung?
- o Gibt es Unterlagen in Form von Aufgabenblättern hierzu?
- o Hat der Trainer spezielle Trainerhandbücher?
- o Beinhalten die Kurse nur den IR, oder auch anwendungsbezogene bzw. verfahrensbezogene Ausbildungsteile?

6.3 Erfolgsbewertung der Kurse durch den Hersteller

(Interviewerhinweis: Probleme und Problemgruppen abfragen, z.B. schwer zu vermittelnde Inhalte, unzureichende Qualifikationsvoraussetzungen.)

Kurs Nr. 1:

Kurs Nr. 2:

Kurs Nr. 3:

- o Gibt es Angaben darüber, wieviele Teilnehmer die Kurse Mehrfach besuchen?

6.4 Wieviele Trainer stehen pro Kurs zur Verfügung?

Kurs Nr. 1: Kurs Nr. 2: Kurs Nr. 3:

6.5 Qualifikation der Trainer technisch und pädagogisch

(Herstellerangaben und Einschätzung durch den Interviewer eintragen)

- o Wie und wo findet die Trainerfortbildung statt? :

6.6 Wieviel IR stehen zum Training zur Verfügung?

Kurs Nr. 1: Kurs Nr. 2: Kurs Nr. 3:

6.7 Gibt es einen externen Programmierplatz mit Drucker? :

7. Erforderliche betriebliche Einarbeitungszeit nach Kursabsolvierung aus Sicht des Herstellers

(Erfahrungswerte eintragen)

Einsatzbereiche des IR			
Bediener			
Programmierer			
Wartungspersonal			

8. Wann sind Nachschulungen/Unterweisungen im Betrieb notwendig?

o Bei welchen Problemen? :

o Für welche Gruppen? :

- Programmierer:
- Wartungspersonal:

o In welchen Einsatzbereichen? :

(durch Nummerierung der Einsatzbereiche Bezüge kennzeichnen)

9. Routinisierungsvoraussetzungen aus der Sicht des Herstellers:

o Wie häufig und wie lange müssen Programmierer im Betrieb programmieren, damit die Kenntnisse nicht "verfallen"? :

o Frage analog für Wartungstätigkeiten:

10. Welche Anwenderfehler tauchen am häufigsten auf?

(Rangfolge für die Tätigkeiten abfragen)

o Bedienen:

o Programmieren:

o Warten:

11. Welche Konsequenzen sind bzw. müßten aus den Anwenderfehlern für die Schulung/Kurse gezogen werden?

Aus Herstellersicht für
- Bedienen:
- Programmieren:
- Wartung:

Aus Interviewer-/
Projektsicht für
- Bedienen:
- Programmieren:
- Wartung:

12. Sonstiges

Anlagen:

Verbleib:

Noch zu übersendende Materialien:

Ergebnis der telefonischen Nachfragen:

Erhebungsleitfaden (Verfahrensteil):

<u>Grobgliederung</u>

0 Angaben zur Erhebung

1. Diffusionsaspekte

2. Belastungsaspekte

3. Beschreibung der eingesetzten Technik am Arbeitsplatz

3.1 Technik im "Vorher-Zustand"

3.2 Technik im "Nachher-Zustand"

4. Fertigungsablauf

4.1 Arbeitssystem im "Vorher-Zustand"

4.2 Arbeitssystem im "Nachher-Zustand"

5. Arbeitsaufgaben und Arbeitsablauf am Arbeitsplatz

5.1 Arbeitsaufgabenbeschreibung im "Vorher-Zustand"

5.2 Arbeitsaufgabenbeschreibung im "Nachher-Zustand"

5.3 IR-spezifische Differenzierung der Arbeitsaufgaben

6. Verfahrens- und Ablaufspezifische Anforderungen am Arbeitsplatz

6.1 Wahrnehmungsanforderungen

6.2 Anforderungen an Kenntnisse

6.3 Sensomotorische Anforderungen

6.4 Kommunikative Anforderungen

7. Kriterien zur Auswahl der Bediener/Programmierer

8. Ausbildung und Berufspraxis

8.1 Schulische Ausbildung

8.2 Beruflicher Werdegang

8.3 Inanspruchnahme der beruflichen Vorbildung

8.4 Arbeitsbedingte Lernerfordernisse

9. IR-Kurse

9.1 Kursbesuch beim Hersteller

9.2 Erfolgsbewertung aus Teilnehmersicht

10. Erforderliche betriebliche Einarbeitungszeit aus Teilnehmersicht

10.1 Nachschulungen/ Unterweisungen im Betrieb

10.2 Routinisierungsvoraussetzungen aus der Sicht der Arbeitskräfte

10.3 Fehlerhandlungen/Fehler

11. Konsequenzen für die Schulung beim Hersteller und für die betriebliche Einarbeitung

0. Angaben zur Erhebung

Durchführender Interviewer (Namen):

Firma:

Ort:

Datum:

Anschrift der Firma:

Telefon:

Kontaktperson:

Verfahren mit genauer Bezeichung:

Verfahrensbezogene Betriebsmittel:

- Bezeichnung:
- Hersteller:
- Typ:
- sonstige Arbeits- und Hilfsmittel:

Hersteller IR: Typ IR:

Hersteller Steuerung: Typ Steuerung:

Peripherie:

- Art:
- Hersteller:
- Typ:

1. Diffusionsaspekte

(Interviewerhinweis: Produktionsplaner fragen, falls nicht bekannt oder unklar, bei IR-Herstellern/Verbänden/in der Literatur recherchieren).

o Wieviel Arbeitsplätze mit gleichen Verfahren, an denen noch manuell gearbeitet wird, gibt es in der BRD?
Anzahl:

o Wieviel IR-Anwendungen beim Verfahren/Einsatzbereich gibt es in der BRD?
Anzahl:

o Wieviel mit dem eingesetzten IR-Typ?
Anzahl:

o Wie hoch wird das Automatisierungspotential eingeschätzt?

o Wie viele Arbeitsplätze gibt es in der Firma?
manuell, Anzahl: mit IR, Anzahl:

2. Belastungsaspekte

(Interviewerhinweis: Produktionsplaner und Arbeitskraft am IR fragen)

Folgende Belastungen werden nach Meinung des Anwenders durch den IR verändert (eintragen welche?):

	Meinung der GF		Meinung der Arbeitskraft	
	Verbesserung	Verschlechterung	Verbesserung	Verschlechterung
Unfallgefahren				
Umgebungseinflüsse				
physische Belastungen				
psychische Belastungen				

ggf. Ergänzungen:

3. Beschreibung der eingesetzten Technik am Arbeitsplatz

3.1 Technik im "Vorher-Zustand" (manuell)

(Interviewerhinweis: Arbeits- und Betriebsmittel mit genauer Bezeichnung in Layout-Skizze eintragen, d.h. am Arbeitsplatz aufnehmen).

Layout:

3.2 Technik im "Nachher-Zustand" (mit IR)

(Interviewerhinweis: wie 3.1, falls der verwendete IR nicht im Rahmen der gerätebezogenen Analyse bereits dokumentiert ist, entsprechend Gliederungspunkt 3 und 4 des gerätebezogenen Leitfadens Daten aufnehmen.)

Layout:

4. Fertigungsablauf

4.1 Arbeitssystem im "Vorher-Zustand"

(Interviewerhinweis: Als Arbeitssystem sind alle vor- und nachgelagerten Stationen/Arbeitsplätze zu verstehen, mit denen Kooperations- und/oder Kommunikationsnotwendigkeiten bestehen. Fertigungsablauf mit Refa-Symbolen skizzieren und Arbeitskräfte eintragen mittels Nr. und Kurzbeschreibung).

Symbole:

▽ Lagern

⇨ Transport

○ Bearbeiten (wie)

□ Kontrolle (was)

D Liegen (z.B. Puffer)

Arbeitskraft

Anzahl und Funktionen von Vorarbeiter/Meister benennen:

Skizze des Fertigungsablaufs im "Vorher-Zustand" und kurze Beschreibung:

4.2 Arbeitssystem im "Nachher-Zustand"

(wie 4.1)

5. Arbeitsaufgaben und Arbeitsablauf am Arbeitsplatz

5.1 Arbeitaufgabenbeschreibung im "Vorher-Zustand"

(Interviewerhinweis: Wenn möglich, Arbeitsbeschreibung nach Refa einfügen, wenn nicht im Betrieb vorhanden, differenziert auflisten nach

- Arbeitselementen mit Zeitanteil,
- unterschieden nach Haupt- und Nebentätigkeiten und
- zeitlicher Reihenfolge der Arbeitselemente).

Aufgabenbeschreibung:

Arbeitselemente	Zeit-anteil/Min.	H./N. -Tätigkeit

5.2 <u>Aufgabenbeschreibung im "Nachher-Zustand"</u>
(wie bei 5.1)

5.3 <u>IR-spezifische Differenzierung der Arbeitsaufgaben</u>

(Im Folgenden sind die Tätigkeiten in ihrer Verteilung auf die einzelnen Arbeitskräfte zu benennen. Für die Arbeitskräfte sind die <u>betrieblichen Funktionsbezeichnungen</u> zu verwenden, also z.B. IR-Bediener, Vorarbeiter etc.. Bitte auch durch Verwendung des Zahlencodes aus 4. die Arbeitskräfte kennzeichnen sowie Zeitanteile eintragen).

Arbeitsaufgaben	Durchführender	Zeitanteil Häufigkeit
Beispiel: 13. Nacharbeiten	IR-Programmierer/ Lackierer	1 1/4 h pro Schicht
<u>Produktionsvorbereitung i.e.S.</u>		
1. Planung und Festlegung des Arbeitsablaufs		
2. Teachen und Speichern		
3. Programmieren (Ablaufprogr.)		
4. Programmtest/ Korrektur u. Optimierung		
5. Programmarchivierung		

Arbeitsaufgaben	Durchführender	Zeitanteil Häufigkeit
Produktionsunterstützung		
6. Transport (Zu-/Abführen)		
7. Umrüsten		
8. Positionieren, Einlegen, Entnehmen		
9. Maschinenbedienung		
Produktionsüberwachung		
10. Produktkontrolle		
11. Produktionskontrolle, Prozeßüberwachung		
Unmittelbare Produktion		
12. Nacharbeiten		
Produktionserhaltung-, wiederherstellung		
13. Warten		
14. Störungsbeseitigung		
15. Instandsetzen		

6. Verfahrens- und ablaufspezifische Anforderungen am Arbeitsplatz

6.1 Wahrnehmungsanforderungen

(Interviewerhinweis: Vorarbeiter/Meister fragen)

o Müssen Fehler bzw. Mängel am Material erkannt werden?

welche?

"Vorher":

"Nachher":

o Muß jede kleine Veränderung am Arbeitsmittel wahrgenommen werden?

welche?

"Vorher":

"Nachher":

o Erfordert der Produktionsprozeß sonstige Wahrnehmungsleistungen?

"Vorher":

"Nachher":

6.2 Anforderungen an Kenntnisse

o Müssen umfangreiche Kenntnisse über die Eigenarten des zu bearbeitenden Materials (Werkstoffs) vorhanden sein?

	"Vorher"	"Nachher"
Oberflächenbeschaffenheit		
Stoffzusammensetzung		
Verformungseigenschaften		
Festigkeit		
Temperaturverhalten		
Qualitätseigenschaften		

o Sind Kenntnisse über die interne Funktionsweise des Arbeitsmittels erforderlich?

"Vorher":

"Nachher":

o Sind Kenntnisse über den gesamten Produktionsprozeß erforderlich?

	"Vorher"	"Nachher"
Aufgaben vor- und nachgelagerter Arbeitsplätze		
Kooperationserfordernisse während des normalen Produktionsablaufs		
Kooperationserfordernisse im Störungsfall		
Kennen der anderen Fertigungsstufen		

o Sind Kenntnisse über den Fertigungsprozeß erforderlich (Fertigungssteuerung)?

"Vorher":

"Nachher":

o Wie oft kommen Störungen am Arbeitsplatz vor?

	"Vorher"	"Nachher"
häufig		
manchmal		
selten		
nie		

Was für Störungen sind das?

o Welche Anforderungen werden bei Störungen an den Arbeitsplatzinhaber gestellt?

	"Vorher"	"Nachher"
Instandhaltung benachrichtigen		
Mithilfe bie der Fehlerbeseitigung		
eigene Entscheidung über Eingriffsalternativen (Schalteroperationen, Regulierungsmaßnahmen)		
selbständige Fehlerbeseitigung		

o Auf welcher Basis werden Entscheidungen während der Ausführung der Arbeit getroffen?

	"Vorher"	"Nachher"
Routine		
einmal gelernte, u.U. "vergrabene", aber doch wieder "aktivierbare" Kenntnisse		
neu zu erschließende Kenntnisse		
Kenntnis alternativer Organisationsformen u. Fertigungsabläufe		
Kenntnis darüber, wie sich das gefertigte Werkstück in das Endprodukt einordnet		

o Werden Aufgaben der kurzfristigen Ferigungssteuerung übernommen?

	"Vorher"	"Nachher"
Materialbereitstellung		
Materialweitergabe		
Auftragsreihenfolge festlegen		

6.3 Sensomotorische Anforderungen

	"Vorher"	"Nachher"
Betroffene Körperteile		
Art der Bewegung		
Feinheit bzw. Koordinierungsgrad		

6.4 Kommunikative Anforderungen

(Interviewerhinweis: Fertigkeiten in Bildern und Signalen verschiedener Art zur Verständigung in Kooperation im Arbeitsprozeß; über Tätigkeiten ableiten)

	"Vorher"	"Nachher"
Signalgebende Organe		
Komplexität der Signale		
Anzahl der notwendigen verschiedenartigen Signale		

7. Kriterien der Auswahl der Bediener/Programmierer

(Interviewerhinweis: Meister/Vorarbeiter fragen)

- o Nach welchen Kriterien sind Mitarbeiter für die verschiedenen Funktionsbereiche ausgewählt worden?
  - Bedienen:
  - Programmieren:
  - Wartung/Instandhaltung

8. Ausbildung und Berufpraxis

(Hinweis: Differenzieren nach Beschäftigten mit Code-Nr. entsprechend 4. und Funktionen:

M= manuelle Tätigkeit "Vorher"-Zustand
B= Bediener
P= Programmierer
W= Wartungsmann)

8.1 Schulische Ausbildung

kein Schulabschluß:

Hauptschulabschluß:

Mittlere Reife:

Abitur:

FOS-Abschluß:

8.2 Beruflicher Werdegang

Lehre	ja	welche:
	nein	Zeitraum:
Anlernung	ja	welche:
	nein	Zeitraum:
Weiterbildung	ja	welche:
	nein	Zeitraum:

Wie lange im erlernten Beruf tätig? :

Betrieblicher Werdegang/jetzige Tätigkeit? :

Wurde bisher an verschiedenen Arbeitsplätzen gearbeitet?

ja Tätigkeitsbezeichnung:

nein

8.3 Inanspruchnahme der beruflichen Vorbildung

- Die frühere Tätigkeit bzw. Lehre ist für die jetzige Arbeit nützlich.
- Nur einige der vermittelten Fertigkeiten werden beansprucht.
- Nur wenige spezielle Kenntnisse sind einsetzbar.
- Die Fertigkeiten werden überwiegend beansprucht, während die Kenntnisse und Fähigkeiten nicht voll ausgeschöpft werden.
- Die vorhandenen Kenntnisse und Fähigkeiten werden vorwiegend beansprucht bis ausgeschöpft.
- War die frühere Tätigkeit Voraussetzung für die jetzige Arbeit?

8.4 Arbeitsbedingte Lernerfordernisse

- keine
- einmalige Einarbeitung ausreichend
- unregelmäßige bzw. seltene Kenntnis- und Fertigkeitserweiterung nötig
- regelmäßige bzw. häufige Kenntnis- und Fertigkeitserweiterung nötig

Sind Weiterbildungsmöglichkeiten des Betriebes bekannt?

9. IR-Kurse

9.1 Kursbesuch beim Hersteller

Welche Kurse sind von wem wie lange besucht worden?

Kurs	Teilnehmer (Nr.)	Zeit (Tage)

Wurden in den Kursen, insbesondere beim Programmierkurs, verfahrensbezogene Elemente mitbehandelt?

9.2 Erfolgsbewertung aus Teilnehmersicht

(Interviewerhinweis: Bediener, Programmierer und Wartungsmann fragen, Probleme erfragen)

10. Erforderliche betriebliche Einarbeitungszeit aus Teilnehmersicht

(in Wochen/Monaten/Häufigkeiten der Tätigkeiten)

10.1 Nachschulungen/Unterweisungen im Betrieb

(wie lange, durch wen?)

10.2 Routinisierungsvoraussetzungen aus der Sicht der Arbeitskräfte

(wie oft und wie lange müssen Tätigkeiten ausgeübt werden?)

10.3 Fehlhandlungen/Fehler

(Welche Fehler werden von wem wie oft gemacht?)

11. Konsequenzen für die Schulung beim Hersteller und für die betriebliche Einarbeitung

(Meinungen von Schulungsteilnehmern wiedergeben)

Sonstiges

Anmerkungen:

Verbleib:

noch zu übersendende Materialien:

Ergebnis der telefonischen Nachfragen:

IPA Forschung und Praxis

Schriftenreihe aus dem Institut für Produktionstechnik und Automatisierung, Stuttgart

Herausgeber: Prof. Dr.-Ing. H. J. Warnecke

Datenerfassung im Produktionsbereich
Von E. Bendeich. ISBN 3-7830-0117-8.
1977, 176 Seiten, kartoniert. 54,— DM

Methodenauswahl für die Materialbewirtschaftung in Maschinenbau-Betrieben
Von H. Graf. ISBN 3-7830-0136-6.
1977, 144 Seiten, kartoniert. 54,— DM

Systematische Auswahl von Förderhilfsmitteln für den innerbetrieblichen Materialfluß
Von W. Rau. ISBN 3-7830-0139-0.
1977, 103 Seiten, kartoniert. 40,— DM

Grundlagen zur Planung von Ersatzteilfertigungen
Von E. Schulz. ISBN 3-7830-0138-2.
1977, 98 Seiten, kartoniert. 40,— DM

Rechnerunterstützte Fabrikplanung
Von B. Minten. ISBN 3-7830-0116-1.
1977, 124 Seiten, kartoniert. 38,— DM

Eine Planungsmethode für automatische Montagesysteme
Von H.-G. Lohr. ISBN 3-7830-0120-X.
1977, 108 Seiten, kartoniert. 32,— DM

Planung und Bewertung von Arbeitssystemen in der Montage
Von H. Metzger. ISBN 3-7830-0131-5.
1977, 108 Seiten, kartoniert. 40,— DM

Klassifizierungssystem für Prüfmittel der industriellen Längenprüftechnik
Von R. Czetto. ISBN 3-7830-0144-7.
1978, 181 Seiten, kartoniert. 64,— DM

Rechnerunterstützte Montageplanung
Von O. Hirschbach. ISBN 3-7830-0149-8.
1978, 146 Seiten, kartoniert. 52,— DM

Rechnerunterstützte Entwicklung von Simulationsmodellen für Unternehmensplanspiele
Von A. Moker. ISBN 3-7830-0147-1.
1978, 181 Seiten, kartoniert. 64,— DM

Arbeitsplatzanalysen zur Ermittlung der Einsatzmöglichkeiten und Anforderungen an Industrieroboter
Von G. Herrmann. ISBN 37830-0151-X.
1978, 113 Seiten, kartoniert. 40,— DM

MFSP — Ein Verfahren zur Simulation komplexer Materialflußsysteme
Von G. Stemmer. ISBN 3-7830-0118-8.
1977, 140 Seiten, kartoniert. 60,— DM

Berührungslose Erkennung durch Positionsbestimmung von Objekten durch inkohärent-optische Korrelation
Von M. Konig. ISBN 3-7830-0137-4.
1977, 110 Seiten, kartoniert. 40,— DM

Auslegung von Störungspuffern in kapitalintensiven Fertigungslinien
Von R. v. Stetten. ISBN 3-7830-0140-4.
1977, 154 Seiten, kartoniert. 56,— DM

Flexible Transportablaufsteuerung
Von G. Römer. ISBN 3-7830-0114-5.
1977, 188 Seiten, kartoniert. 60,— DM

Rechnergestützte Realplanung von Fabrikanlagen
Von T.-K. Sauter. ISBN 3-7830-0119-6.
1977, 108 Seiten, kartoniert. 32,— DM

Systematisches Auswählen und Konzipieren von programmierbaren Handhabungsgeräten
Von R. D. Schraft. ISBN 3-7830-0115-3.
1977, 108 Seiten, kartoniert. 32,— DM

Auslandsproduktion
Von W. Cypris. ISBN 3-7830-0145-5.
1978, 126 Seiten, kartoniert. 42,— DM

Wirtschaftlicher Einsatz von Mehrkoordinatenmeßgeräten
Von M. Dietzsch. ISBN 3-7830-0148-X.
1978, 142 Seiten, kartoniert. 52,— DM

Fertigungssteuerung bei flexiblen Arbeitsstrukturen
Von K.-G. Lederer. ISBN 3-7830-0146-3.
1978, 128 Seiten, kartoniert. 42,— DM

Untersuchungen zum Polieren und Entgraten durch elektrochemisches Oberflächenabtragen
Von K. Zerweck. ISBN 3-7830-0150-1.
1978, 110 Seiten, kartoniert. 40,— DM

Stufenweise Ableitung eines praktischen Planungssystems für den Entwicklungsbereich
Von R. Hichert. ISBN 3-7830-0149-8.
1978, 151 Seiten, kartoniert. 52,— DM

Produktionsplanung mit Auftragsfamilien
Von U. W. Geitner. ISBN 3-7830-0161.7.
1979, 110 Seiten, kartoniert. 45,— DM

Thermisch-chemisches Entgraten
Von T. Wagner. ISBN 3-7830-0164-1.
1979, 111 Seiten, kartoniert. 45,-- DM

Untersuchung der Materialflußkosten bei ausgewählten Systemen der Zentralen Arbeitsverteilung
Von R. Wenzel. ISBN 3-7830-0162-5.
1979, 168 Seiten, kartoniert. 86,— DM

Anpassung und Einführung eines Planungssystems für die Ablaufplanung im Konstruktionsbereich
Von W. Dangelmaier. ISBN 3-7830-0163-3.
1979, 168 Seiten, kartoniert. 80,— DM

Längenmessungen an bewegten Teilen mit berührungslos wirkenden Aufnehmern
Von H. Lang. ISBN 3-7830-0157-9.
1979, 89 Seiten, kartoniert. 42,— DM

Untersuchung multistabiler Strömungselemente und ihr Einsatz in sequentiellen Steuerungen
Von A. Ernst. ISBN 3-7830-0157-9.
1979, 122 Seiten, kartoniert. 48,— DM

Taktile Sensoren für programmierbare Handhabungsgeräte
Von M. Schweizer. ISBN 3-7830-0158-7.
1979, 91 Seiten, kartoniert. 42,— DM

Die rechnerunterstützte Prüfplanung
Von P. Blasing. ISBN 3-7830-0152-8.
1979, 100 Seiten, kartoniert. 44,— DM

Verfahren zur Fabrikplanung im Mensch-Rechner-Dialog am Bildschirm
Von W. Ernst. ISBN 3-7830-0156-0.
1979, 218 Seiten, kartoniert. 72,— DM

Rechnerunterstütztes Verfahren zur Leistungsabstimmung von Mehrmodell-Montagesystemen
Von M. Gorke. ISBN 3-7830-0155-2.
1979, 139 Seiten, kartoniert. 50,— DM

Standortbezogene Betriebsmittel
Von G. Pflieger. ISBN 3-7830-0167-6.
1979, 127 Seiten, kartoniert. 52,— DM

Die betriebswirtschaftliche Beurteilung neuer Arbeitsformen
Von B.-H. Zippe. ISBN 3-7830-0168-4.
1979, 350 Seiten, kartoniert. 98,— DM

Untersuchung des Arbeitsverhaltens programmierbarer Handhabungsgeräte
Von B. Brodbeck. ISBN 3-7830-0169-2.
1979, 117 Seiten, kartoniert. 48,— DM

Untersuchung eines kohärent-optischen Verfahrens zur Rauheitsmessung
Von N. Rau. ISBN 3-7830-0174-9.
1979, 117 Seiten, kartoniert. 48,— DM

Entwicklung einer programmierbaren, pneumatischen Steuerung
Von D. Klemenz. ISBN 3-7830-0171-4.
1979, 93 Seiten, kartoniert. 42,— DM

IPA Forschung und Praxis

Berichte aus dem Fraunhofer-Institut für Produktionstechnik und Automatisierung, Stuttgart, und dem Institut für Industrielle Fertigung und Fabrikbetrieb der Universität Stuttgart

Herausgeber: Prof. Dr.-Ing. H. J. Warnecke

---

38 **Arbeitsgangterminierung mit variabel strukturierten Arbeitsplänen — Ein Beitrag zur Fertigungssteuerung flexibler Fertigungssysteme**
Von U. Maier. ISBN 3-540-10213-2.
1980. 111 Seiten mit 45 Abbildungen. 43.-- DM

39 **Kapazitätsabgleich bei flexiblen Fertigungssystemen**
Von P. S. Nieß. ISBN 3-540-10372-4.
1980. 151 Seiten mit 57 Abbildungen. 48.-- DM

40 **Schichtdickenverteilung auf galvanisierten Paßteilen am Beispiel kleiner abgesetzter Wellen und Bohrungen**
Von D. Wolfhard. ISBN 3-540-10373-2.
1980. 177 Seiten mit 83 Abbildungen. 48.-- DM

41 **Planung von Mehrstellenarbeit unter Berücksichtigung von Umfeldaufgaben**
Von S. Haußermann. ISBN 3-540-10374-0.
1980. 136 Seiten mit 59 Abbildungen. 48.-- DM

42 **Untersuchungen zur Schmierfilmdicke in Druckluftzylindern — Beurteilung der Abstreifwirkung und des Reibungsverhaltens von Pneumatikdichtungen mit Hilfe eines neu entwickelten Schmierfilmdicken-meßverfahrens**
Von R. Kohnlechner. ISBN 3-540-10375-9.
1980. 100 Seiten mit 38 Abbildungen und 4 Tabellen. 43.— DM

43 **Typologie zum überbetrieblichen Vergleich von Fertigungssteuerungsverfahren im Maschinenbau**
Von G. Rabus. ISBN 3-540-10376-7.
1980. 174 Seiten mit 88 Abbildungen und 21 Tafeln. 48.— DM

44 **System zur Planung des Umlaufbestandes in Betrieben mit Serienfertigung**
Von K.-G. Wilhelm. ISBN 3-540-10377-5.
1980. 142 Seiten mit 67 Abbildungen und 15 Tafeln. 48.— DM

45 **Rechnerunterstützte Arbeitsplanerstellung mit Kleinrechnern, dargestellt am Beispiel der Blechbearbeitung**
Von W. Hoheisel. ISBN 3-540-10505-0.
1981. 169 Seiten mit 74 Abbildungen. 48.— DM

46 **Beitrag zur Verbesserung der Wirtschaftlichkeit EDV-unterstützter Fertigungssteuerungssysteme durch Schwachstellenanalyse**
Von J. Lienert. ISBN 3-540-10506-9.
1981. 148 Seiten mit 37 Abbildungen. 48.— DM

47 **Die Abscheidung von Öl an Entlüftungsöffnungen drucklufttechnischer Anlagen**
Von W.-D. Kiessling. ISBN 3-540-10604-9.
1981. 117 Seiten mit 48 Abbildungen und 3 Tabellen. 43.— DM

48 **Dynamische Optimierung technisch-ökonomischer Systeme**
Von J. Warschat. ISBN 3-540-10717-7.
1981. 132 Seiten mit 60 Abbildungen. 43.— DM

49 **Bildsensor zur Mustererkennung und Positionsmessung bei programmierbaren Handhabungsgeräten**
Von H. Geißelmann. ISBN 3-540-10735-5.
1981. 125 Seiten mit 52 Abbildungen. 43.— DM

50 **Verfügbarkeitsberechnung für komplexe Fertigungseinrichtungen**
Von Ekkehard Gericke. ISBN 3-540-10779-7.
1981. 132 Seiten mit 71 Abbildungen. 43.— DM

51 **Materialflußgestaltung in Fertigungssystemen**
Von Willi Rößner. ISBN 3-540-10888-2.
1981, 149 Seiten mit 76 Abbildungen. 48,— DM

52 **Beitrag zur Analyse der Auswirkungen der Mikroelektronik, dargestellt am Beispiel der Büromaschinen-Industrie**
Von Werner Neubauer. ISBN 3-540-10991-9.
1981, 145 Seiten mit 27 Abbildungen und 47 Tabellen. 43,— DM

53 **Modelle von Informationssystemen zur kurzfristigen Fertigungssteuerung und ihre Gestaltung nach betriebsspezifischen Gesichtspunkten**
Von Roland Gentner. ISBN 3-540-10992-7.
1981, 181 Seiten mit 69 Abbildungen und 7 Tabellen. 48,— DM

54 **Entwicklung von Verfahren zur Terminplanung und -steuerung bei flexiblen Montagesystemen**
Von Jürgen H. Kölle. ISBN 3-540-11227-8.
1981, 132 Seiten mit 64 Abbildungen und 1 Faltplan. 43,— DM

55 **Arbeits- und Kapazitätsteilung in der Montage**
Von Stefan Dittmayer. ISBN 3-540-11228-6.
1981, 124 Seiten und 56 Abbildungen. 43.— DM

56 **Beitrag zur systematischen Planung der Qualitätsprüfung bei Klein- und Mittelserienfertigung**
Von Herbert Babic. ISBN 3-540-11325-8
1982, 108 Seiten mit 38 Abbildungen und 7 Tabellen. 53.— DM

57 **Methode zur rechnerunterstützten Einsatzplanung von programmierbaren Handhabungsgeräten**
Von Uwe Schmidt-Streier. ISBN 3-540-11355-X.
1982, 188 Seiten mit 72 Abbildungen. 53.– DM

58 **Werkstoff- und Energiekennwerte industrieller Lackieranlagen, am Beispiel der Automobilindustrie**
Von Rainer Manfred Thiel. ISBN 3-540-11356-8.
1982, 116 Seiten mit 59 Abbildungen. 53.– DM

59 **Maßnahmen zum Verbessern der pneumatischen Lackzerstäubung – Teilchengrößenbestimmung im Spritzstrahl –**
Von Klaus Werner Thomer. ISBN 3-540-11507-2.
1982, 162 Seiten mit 94 Abbildungen und 1 Tabelle. 53.– DM

60 **Ermittlung und Bewertung von Rationalisierungsmaßnahmen im Produktionsbereich**
Von Jürgen Schilde. ISBN 3-540-11730-X.
1982, 158 Seiten mit 57 Abbildungen. 53.– DM

61 **Untersuchung von Verfahren der Reihenfolgeplanung und ihre Anwendung bei Fertigungszellen**
Von Mohamed Osman. ISBN 3-540-11747-4.
1982, 124 Seiten mit 32 Abbildungen und 3 Tabellen. 53.– DM

62 **Ein Simulationsmodell zur Planung gruppentechnologischer Fertigungszellen**
Von Volker Saak. ISBN 3-540-11747-4.
1982, 134 Seiten mit 53 Abbildungen. 53.– DM

63 **Verfahren zur technischen Investitionsplanung automatisierter Fertigungsanlagen**
Von Günter Vettin. ISBN 3-540-11747-4.
1982, 134 Seiten mit 63 Abbildungen. 53.– DM

64 **Pneumatische Sensoren zur prozeßsimultanen Messung des Werkzeugverschleißes und zur Kollisionsvermeidung beim Messerkopffräsen**
Von Wolfgang Jentner. ISBN 3-540-11747-4.
1982, 126 Seiten mit 47 Abbildungen und 6 Tabellen. 53.– DM

65 **Rechnerunterstützte Gestaltung ortsgebundener Montagearbeitsplätze, dargestellt am Beispiel kleinvolumiger Produkte**
Von Eberhard Haller. ISBN 3-540-12015-7.
1982, 130 Seiten mit 43 Abbildungen. 53.– DM

66 **Fernsehüberwachung von Schutzgasschweißvorgängen mit abschmelzender Elektrode MIG – MAG**
Von Ruprecht Niepold. ISBN 3-540-12181-7.
1983, 178 Seiten mit 73 Abbildungen und 5 Tabellen. 58.– DM

67 **Entwicklung flexibler Ordnungssysteme für die Automatisierung der Werkstückhandhabung in der Klein- und Mittelserienfertigung**
Von Karl Weiss. ISBN 3-540-12455-1.
1983, 116 Seiten mit 68 Abbildungen. 58.– DM

68 **Automatisierte Überwachungsverfahren für Fertigungseinrichtungen mit speicherprogrammierten Steuerungen**
Von Werner Eißler. ISBN 3-540-12456-X.
1983, 128 Seiten mit 66 Abbildungen. 58.– DM

69 **Prozeßüberwachung beim Galvanoformen**
Von Jürgen Wilhelm Böcker. ISBN 3-540-12457-8.
1983, 118 Seiten mit 32 Abbildungen. 58.– DM

70 **LAPEX – Ein rechnerunterstütztes Verfahren zur Betriebsmittelzuordnung**
Von Stephan Mayer. ISBN 3-540-12490-X.
1983, 162 Seiten mit 34 Abbildungen und 2 Tabellen. 58.– DM

71 **Gestaltung eines integrierten Produktionssystems für die Sortenfertigung unter Einsatz der Clusteranalyse**
Von Gerald Weber. ISBN 3-540-12650-3.
1983, 194 Seiten mit 54 Abbildungen. 58.– DM

72 **Gußputzen mit sensorgeführten, programmierbaren Handhabungsgeräten**
Von Eberhard Abele. ISBN 3-540-12651-1.
1983, 133 Seiten mit 66 Abbildungen. 58,– DM

73 **Untersuchungen zur Herstellung und zum Einsatz galvanogeformter Erodierelektroden**
Von Harald Müller. ISBN 3-540-12822-0.
1983, 148 Seiten mit 78 Abbildungen. 58,– DM

74 **Ein Beitrag zur Optimierung der Prozeßführungsstrategien automatisierter Förder- und Materialflußsysteme**
Von Hans Steffens. ISBN 3-540-12968-5.
1983. 161 Seiten mit 60 Abbildungen. 58,– DM

75 **Entwicklung eines Verfahrens zur wertmäßigen Bestimmung der Produktivität und Wirtschaftlichkeit von Personalentwicklungsmaßnahmen in Arbeitsstrukturen**
Von Christian Müller. ISBN 3-540-13041-1.
1983. 129 Seiten mit 34 Abbildungen. 58,– DM

76 **Berechnung der Gestaltänderung von Profilen infolge Strahlverschleiß**
Von Wolfgang Marx. ISBN 3-540-13054-3.
1983. 121 Seiten mit 58 Abbildungen. 58,– DM

77 **Algorithmen zur flexiblen Gestaltung der kurzfristigen Fertigungssteuerung**
Von Rudolf E. Scheiber. ISBN 3-540-13500-6.
1984, 150 Seiten mit 73 Abbildungen und 1 Tabelle. 63.– DM

78 **Galvanisieren mit moduliertem Strom**
Von Jürgen Wolfgang Mann. ISBN 3-540-13733-5.
1984, 145 Seiten und 58 Abbildungen. 63,– DM

79 **Fluoreszenzmeßverfahren zur Schmierfilmdickenmessung in Wälzlagern**
Von Wolfgang Schmutz. ISBN 3-540-13777-7.
1984, 141 Seiten und 66 Abbildungen. 63,– DM

94 **Entwicklung und Einsatz eines interaktiven Verfahrens zur Leistungsabstimmung von Montagesystemen**
Von Günter Schad. ISBN 3-540-16978-4.
1986, 120 Seiten mit 31 Abbildungen und 1 Tabelle. 68,– DM

95 **Qualifizierung an Industrierobotern**
Von Wolfgang Bachl. ISBN 3-540-17018-9.
1986, 218 Seiten mit 30 Abbildungen. 68,– DM